U0349383

畜禽养殖智能装备与精准饲喂专利技术研究

熊本海　王　旭　郑姗姗　主编

中国农业科学技术出版社

图书在版编目（CIP）数据

畜禽养殖智能装备与精准饲喂专利技术研究 / 熊本海，王旭，郑姗姗主编．— 北京：中国农业科学技术出版社，2018.7
ISBN 978-7-5116-3747-5

Ⅰ．①畜… Ⅱ．①熊…②王…③郑… Ⅲ．①信息技术—应用—畜禽—饲养管理—研究 Ⅳ．① S815-39

中国版本图书馆 CIP 数据核字（2018）第 129183 号

责任编辑　鱼汲胜　褚　怡
责任校对　马广洋

出 版 者　中国农业科学技术出版社
　　　　　北京市中关村南大街 12 号　邮编：100081
电　　话　（010）82106636（编辑室）（010）82109702（发行部）
　　　　　（010）82109709（读者服务部）
传　　真　（010）82106631
网　　址　http：//www.castp.cn
经 销 者　各地新华书店
印 刷 者　北京富泰印刷有限责任公司
开　　本　880mm × 1 230mm　1/32
印　　张　7.125
字　　数　150 千字
版　　次　2018 年 7 月第 1 版　2018 年 7 月第 1 次印刷
定　　价　56.00 元

“十三五”国家重大研发计划专项“智能农机装备”所属项目及课题
（2016YFD0700200、2017YFD0701604）
北京市科技计划课题（D171100000417002）
中国农业科学院北京畜牧兽医研究所 / 北京市奶牛创新团队
北京农学院 / 奶牛营养学北京市重点实验室

《畜禽养殖智能装备与精准饲喂专利技术研究》编委会

主　　编　熊本海　王　旭　郑姗姗（女）

副 主 编　陈胡萍（女）　杨　亮　南雪梅（女）　高华杰（女）

参编人员　蒋林树　方洛云　王　坤　吕健强　孙福昱　罗清尧　唐志文　薛夫光　华登科　潘晓花（女）　朱　珠（女）　杜春梅（女）　权素玉（女）　郭江鹏　郭　亮

序

根据“十三五”畜牧业发展规划，中国畜牧业正在向智能化、数字化装备及环境精准控制转型与迈进。而健康养殖智能化装备是畜牧业发展的重要标志，关乎“四化”同步推进全局。智能养殖装备与畜牧业的信息化代表着畜牧业先进生产力，是提高生产效率、转变发展方式、增强畜牧业综合生产能力的物质基础，也是国际农业装备产业技术竞争的焦点。当前，我国现代畜牧业加速发展，标准化及规模化经营比例加大、农业劳动力大量转移，对畜禽养殖的精准饲料配制及装备技术要求更高，对养殖过程的信息感知与处理所需产品需求更多。长期以来，我国畜牧业自主研究的智能饲喂设备、畜禽个体生理与环境感知的技术与设备基础研究不足，核心传感部件和高端产品依赖进口，畜牧业饲料、兽药等投入品使用粗放，精准饲喂的技术与解决方案相对缺乏，导致畜牧业综合生产成本居高不下，畜禽养殖效益低下。因此，2017 年的中央一号文件将农业供给侧结构改革，实现农业生产的提质增效，保障农畜产品的有效供给提到重要的位置，这是关乎农业健康发展及民生的重大问题。为此，从国家层面实施了与上述领域有关的重大研究计划或课题。本著作涉及内容是在4年来，项目组实施国家“863”数字畜牧业重大研究课题(2012AA101905)、国家科技支撑技术重大课题(2014BAD08805)、奶牛产业技术体系北京市奶牛创新团队岗位专家研究课题、国家“十三五”重点研发计划项目及课题（2016YFD0700200、2017YFD0701604）及北京市2017年度科技计划课题（D171100000417002）中取得的部分专利技术。这些专利技术与现代畜禽养殖精准饲喂技术、畜禽个体及环境信息感知技术、智能设备装备技术等密切相关，因而编撰成书。

该专著涉及的专利技术包括两个方面：第一部分是猪养殖设备相关专利技术，包含发情监测、性能测定与代谢、供料系统与设备、饲喂及废弃物收集与处理等装置及技术，该部分涉及12项专利技术。第二部分为其他畜禽及通用养殖设备相关专利技术，包含饲料投放、畜禽养殖加药、奶羊精准饲喂等设备及技术，该部分涉及6项专利技术。上述大部分专利已获授权并在推广应用中。

由于作者水平有限，撰写中可能存在问题，欢迎读者提出宝贵意见。

编 者

2018年5月10日

目 录

1 猪信息感知与精准饲喂相关专利技术

1.1 一种母猪饲喂站

1.1.1 技术领域

本研究涉及动物饲养设备技术领域，特别涉及一种母猪饲喂站。

1.1.2 背景技术

农牧业信息化是现代农业发展的必然趋势，养猪业作为中国农牧业生产的重要组成部分，实行规模化、数字化饲养势在必行。目前，我国的养猪业饲养模式正由散养向规模化集中饲养转换，但规模化程度总体较低，主要是受到现有饲养设备自动化水平低、大规模管理模式陈旧等问题影响。具体到母猪的饲养，目前，国内广泛采用的是限位栏饲养方法，此法虽能较好地实现集中饲养，但存在着饲料喂量不精确，母猪产仔率低；母猪自由被限制，难产情况较多；限位栏空间小，饲养环境差等问题。

在养猪产业的快速发展过程中，母猪饲喂技术起着至关重要的作用。未来我国养猪业趋于向规模化生产方向发展，导致养猪业劳动力和生产成本增加，再加上精细化养殖和福利养猪的提出，导致规模化的养猪企业急需找到一种能够提高生产效率和经济效益的现代化养猪设备。采用智能化母猪饲喂系统能够完成自动化和智能化的操作过程，提高生产效率，降低生产成本，节省人力和物力资源。根据美国农业部（USDA）报告统计，2013 年全球猪肉消费总量达到 10 481.07 万吨，其中，中国的猪肉消费总量为 5 261.5 万吨，占全球猪肉消费总量的 50.2%。到 2014 年，我国猪肉的消费量增加到 5 701 万吨。中国是一个养猪大国，但每年却要从国外进口大量的猪肉。据统计，中国猪肉的进口量从 1979 年 8.76 万吨增加到 2016 年的 160.2 万吨，而猪肉的出口量从 1979 年的 1.26 万吨到 2015 年的 71.49 万吨，这种状况导致我国农产品在国际农产品市场中的竞争力低下。为了保证母猪合理的营养需求，提高我国农畜产品在国际农产品市场中的竞争力，尤其是有效供给水平，必须开发新的养猪智能设备。

近年来，随着国外先进饲养理念的输入，国内也开始了应用信息化管理的饲喂方法。新型的饲喂方法由饲喂控制系统和饲喂设备共同完成。首先，要给每只猪一个固定的身份，由耳标进行识别，然后在计算机中存入它的年龄、体重、孕期以及健康状况等相关信息；在饲喂过程中，则可根据这些信息决定个体的进食品种和进食量，通过饲喂设备来完成食物供给和饲喂过程下一步信息的采集，同时，把这些信息反馈给信息管理中心，实现对母猪的科学化管理。由于这种养殖模式刚刚起步，饲喂控制系统和设备都需要不断完善。

饲喂站是用在群养猪舍中对个体母猪进行精确饲喂、母猪管理，是近年来福利养猪广泛应用的设备，符合猪的自然生活习性，自由活动，主动寻找食物，猪群社会关系紧密和谐，舒适、安全、健康，更好地发挥猪的生产潜能，提高猪场的经济效益。但是，目前母猪饲喂过程中存在饲喂设备结构不合理、饲喂方法不科学等问题，本研究以实现饲喂过程自动化、饲喂下料精确化、动物管理人性化为目标，利用现代化设计方法开发出了新型母猪饲喂站。

1.1.3 解决方案

有鉴于此，本研究提出一种母猪饲喂站，该母猪饲喂站能够实现出口门的自动连锁、进口门开合的自动控制以及定量下料，能够改善母猪的饲养状况，更好地发挥母猪的生产潜能，提高猪场的经济效益。

本研究提出的一种母猪饲喂站特征，包括出口通道和出口门自动连锁装置，出口门自动连锁装置包括第一出口门、第二出口门、第一弹簧、第二弹簧、杠杆和挡板，出口通道包括出口第一过道护栏、出口第二过道护栏、第一横梁和第二横梁，第一横梁和第二横梁的两端分别连接至出口第一过道护栏、出口第二过道护栏上，第一出口门上设置有第一扁铁，第二出口门上设置有第二扁铁，第一弹簧的一端固定在第一扁铁上，第一弹簧的另一端固定于第一横梁上，第二弹簧的一端固定在第二扁铁上，第二弹簧的另一端固定于第二横梁上；杠杆包括第一侧和第二侧，且第一侧的重量大于第二侧的重量，第一侧设置于第一出口门上，且第一侧的底边截面为弧形，与第一出口门上的第一扁铁配合使用；第二侧设置于第二出口门上，杠杆的支点设置于第一出口门和第二出口门之间，挡板设置于杠杆的第二侧上，用于阻挡第二出口门的打开。

挡板通过插销设置在杠杆的第二侧上，且挡板能够绕插销转动。还包括进入通道，进入通道和出口通道相连通，进入通道包括进口门、第一提升装置、第二提升装置、进入第一过道栏和进入第二过道栏，进口门设置在门框内，门框设置在进入第一过道栏和进入第二过道栏之间；门框包括顶框、第一立柱和第二立柱，进口门和顶框之间设有第二提升装置，第一提升装置设置顶框上，用于提升第二提升装置。顶框和进口门之间还设置有连接挡板，连接挡板的两端分别连接至第一立柱和第二立柱，连接挡板和顶框之间设置有第二提升装置，第二提升装置和第一提升装置通过升降杆连接，且升降杆穿出顶框与第二提升装置连接。进口门包括第一进口门和第二进口门，第一立柱上设置有第一卡槽，第二立柱上设置有第二卡槽，第一卡槽能够卡住第一进口门的一端，第二卡槽能够卡住第二进口门的一端，第一进口门和第二进口门的另一端呈交叉状；第一进口门设置为向外转动，第二进口门设置为向内转动。第一进口门和第二进口门的另一端都设计为带有轮子，第一进口门和第二进口门分别都由一组横向平行的横梁组成，该横梁的一端与第一立柱或第二立柱连接，该横梁的另一端安装有轮子。

第一提升装置包括电机、转轴、轴承、传感器和铰链，电机通过连接法兰使转轴转动，连接法兰上设置有感应限位板，转轴上设置有轴承，轴承的轴承套上设置有铰链，铰链上设置有第二提升装置；当感应限位板转到传感器的检测位置时，传感器由常闭转变为常开，电机停止转动，转轴升到最高位置，同时第二提升装置升到最高位置。第二提升装置包括升降杆、第一限位块、第二限位块、第一旋转轴、第二旋转轴和底座，升降杆的一端与底座固定连接，升降杆的另一端与铰链连接，第一限位块和第二限位块以升降杆为对称中心呈中心对称分布，第一限位块上设置有第一杆，第二限位块上设置有第二杆，且第一杆和第二杆以升降杆为对称中心呈中心对称分布，第一旋转轴的一端穿过第一端面，第一旋转轴的另一端穿过第一限位块，第二旋转轴的一端穿过第二端面，第二旋转轴的另一端穿过第二限位块，第一旋转轴与第一限位块间隙配合，第二旋转轴与第二限位块间隙配合，第一旋转轴和第二旋转轴能够灵活转动；第一限位块用于阻挡第一进口门的打开，第二限位块用于阻挡第二进口门的打开。

本研究提出的母猪饲喂站，还包括给料装置，给料装置分别与进入通道、出口通道相连，给料装置包括料斗、下料电机、拨料器、料管和食槽，下料电机和拨料器均设置在料斗的底端，下料电机用于使拨料器转动，料斗的下方连接有料管，料管的另一端与食槽连接。给料装置还包括读卡器和控制盒，控制盒设置在给料装置上，用于控制下料电机的转动，食槽上安装有读卡器，读卡器能够读取母猪身上带有的耳标。

从上面可以看出，本研究提出的一种母猪饲喂站根据母猪的个体情况来计算饲料量，完成饲料的投喂；同时利用杠杆原理实现出口门的自动连锁，保证只有饲喂站里面的母猪可以出去，饲喂站外面的母猪进不来；并且采用提升装置自动控制出口门的开合，保证饲喂站内只有一只母猪进食，避免饲喂站内多只母猪进食的情况。采用本研究的母猪饲喂站能够改善母猪的饲养状况，提高饲喂产率，节约饲料。本研究母猪饲喂站的推广可以有效促进养殖业发展，提高养殖者的收益，具有重要的社会意义和经济价值。

1.1.4 附图说明

具体结构和功能说明如下。

图 1-1-1 为本研究提出的一种母猪饲喂站的实例的整体结构示意图，如图 1-1-1 所示，母猪饲喂站包括进入通道 3、给料装置 4 和出口通道 1。其中，给料装置 4 分别与进入通道 3、出口通道 1 相连。同时，进入通道 3 和出口通道 1 相连通。

从而，母猪通过进入通道 3 来到给料装置 4 前进行进食，然后再通过出口通道 1 走出母猪饲喂站。

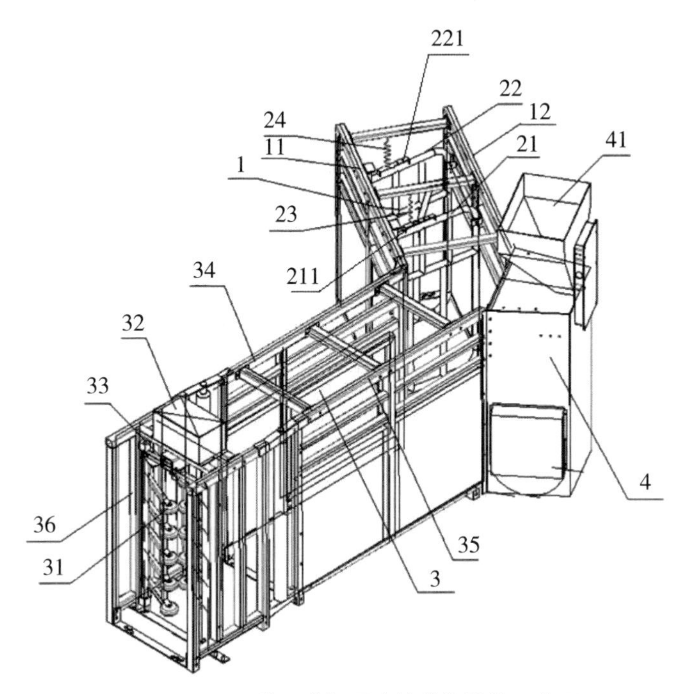

图 1–1–1　一种母猪饲喂站的整体结构示意图

1– 出口通道；3– 进入通道；4– 给料装置；11– 第一过道护栏；12– 出口第二过道护栏；21– 第一出口门；22– 第二出口门；23– 第一弹簧；24– 第二弹簧；31– 进口门；32– 第一提升装置；33– 第二提升装置；34– 进入第一过道栏；35– 进入第二过道栏；36– 门框；41– 料斗；211– 第一扁铁；221– 第二扁铁

图 1–1–2 为本研究提出的一种出口门自动连锁装置的实例的主视图；如图 1–1–1 图 1–1–2 所示，本实例提出了一种母猪饲喂站，包括出口通道 1 和出口门自动连锁装置 2，出口门自动连锁装置 2 包括第一出口门 21、第二出口门 22、第一

弹簧 23、第二弹簧 24、杠杆 25 和挡板 26，出口通道 1 包括出口第一过道护栏 11、出口第二过道护栏 12、第一横梁 13 和第二横梁 14，第一横梁 13 和第二横梁 14 的两端分别连接至出口第一过道护栏 11、出口第二过道护栏 12 上，第一出口门 21 上设置有第一扁铁 211，第二出口门 22 上设置有第二扁铁 221，第一弹簧 23 的一端固定在第一扁铁 211 上，第一弹簧 23 的另一端固定于第一横梁 13 上，第二弹簧 24 的一端固定在第二扁铁 221 上，第二弹簧 24 的另一端固定于第二横梁 14 上。在本实例中，扁铁为钢板条。

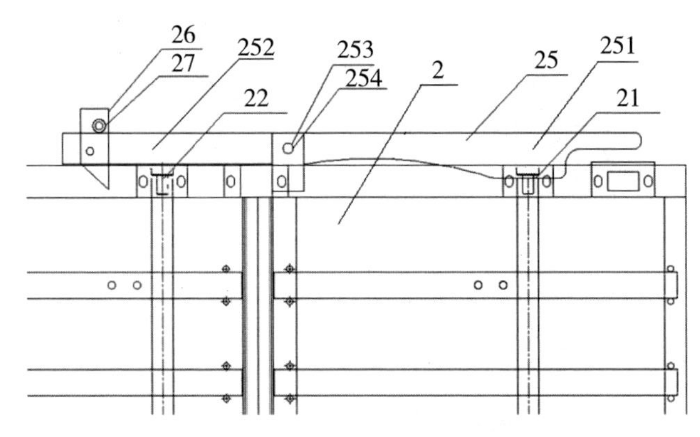

图 1-1-2　出口门自动连锁装置的主视图

2- 出口门自动连锁装置；21 - 第一出口门；22- 第二出口门；25- 杠杆；26- 挡板；27- 插销；251 - 第一侧；252- 第二侧；253- 支点；254- 插销

在本实例中，沿着饲喂站的出口方向，在出口通道 1 内依次设置有第一出口门 21 和第二出口门 22，第一出口门 21 和第二出口门 22 的一端固定在出口第一过道护栏 11 或出口第二过道护栏 12 上，使第一出口门 21 和第二出口门 22 能够在水平方向上转动；同时第一弹簧 23 的两端分别与第一出口门 21 和第一横梁 13 固定，第二弹簧 24 的两端分别与第二出口门 22 和第二横梁 14 固定，当母猪依次通过第一出口门 21 和第二出口门 22 时走出出口通道 1 时，将第一出口门 21 和第二出口门 22 拱开后，第一出口门 21 和第二出口门 22 能够在第一弹簧 23 和第二弹簧 24 的作用下可以快速地关闭。但是该结构存在饲喂站外的母猪也可以将第一出口门 21 和第二出口门 22 拱开，从而进入到饲喂站的情况，为了解决该技术问题，本实例利用杠杆原理设计了出口门自动连锁装置 2，具体为：

杠杆 25 包括第一侧 251 和第二侧 252，且第一侧 251 的重量大于第二侧 252 的重量，第一侧 251 设置于第一出口门 21 上，且第一侧 251 的底边截面为弧形，与第一扁铁 211 配合使用；第二侧 252 设置于第二出口门 22 上，杠杆 25 的支点 253 设置于第一出口门 21 和第二出口门 22 之间，挡板 26 设置于杠杆 25 的第二侧 252 上，用于阻挡第二出口门 22 的打开。

可选的，挡板 26 通过插销 27 设置在杠杆 25 的第二侧 252 上，且挡板 26 能够绕插销 27 转动；杠杆 25 的支点 253 通过插销 254 固定。

在本实例中，将第一侧 251 的底边设计成弧形，能够保证第一出口门 21 上焊接的第一扁铁 211 沿着弧形底边打开时，第一侧 251 下落，同时第二侧 252 上的挡板 26 上升，使第二开口门 22 顺利打开。将挡板 26 设计成能够绕插销 27 转动的目的在于：当第一出口门 21 在第一弹簧 23 的作用下关闭时，杠杆 25 恢复成初始状态，挡板 26 处于初始状态，这时有可能第二出口门 22 还没有来得及关闭，第二出口门 22 上焊接的第二扁铁 221 会在第二弹簧 24 的作用下撞击挡板 26，使挡板 26 沿插销 27 旋转，第二出口门 22 关上，然后挡板 26 在重力作用下旋转回到初始状态。

出口门自动连锁装置 2 的工作原理为：杠杆 25 的第一侧 251 的重量较重，杠杆 25 的第二侧 252 的重量较轻，第一侧 251 压在第一出口门 21 上，第二侧 252 压在第二出口门 22 上，杠杆 25 的支点 253 固定，使杠杆 25 处于平衡状态。当第一出口门 21 上焊接的第一扁铁 211 沿着第一侧 251 的弧形底边打开时，第一侧 251 下落，同时第二侧 252 上的挡板 26 上升，使第二开口门 22 顺利打开。

出口门自动连锁装置 2 的工作状态 1：使用要求，当饲喂站内母猪在进食时，第二出口门 22 外的母猪不得进入饲喂站，不得开门。此时第二弹簧 24 处于张紧状态，杠杆 25 处于平衡状态，第二出口门 22 从饲喂站外面打开时，挡板 26 受力，使第二出口门 22 不得打开。

出口门自动连锁装置 2 的工作状态 2：使用要求，当饲喂站内母猪进食完毕后，按照顺序依次打开第一出口门 21 和第二出口门 22，走出饲喂站。当母猪进食完毕后，母猪推开第一出口门 21，在重力作用下，杠杆 25 的第一侧 251 开始下落，第一出口门 21 上焊接的第一扁铁 211 沿第一侧 251 的弧度底边开门；与此同时，杠杆 25 的第二侧 252 上的挡板 26 上升，第二出口门 22 打开。

出口门自动连锁装置 2 的工作状态 3：使用要求：母猪已通过第一出口门 21，第一出口门 21 已关闭，处于第二出口门 22 位置时，第二侧 252 已落下，挡板 26 处于初始状态。第二出口门 22 已经打开，当母猪走出饲喂站后，在第二弹簧 24 作用下复位，第二出口门 22 上焊接的第二扁铁 221 撞击挡板 26 的倒角一面，使挡板 26 沿插销 27 逆时针旋转，第二出口门 22 关上，然后挡板 26 在重力作用下顺时针旋转回到初始状态。

如图 1-1-3 所示，母猪饲喂站包括进入通道 3，进入通道 3 和出口通道 1 相连通，进入通道 3 包括进口门 31、第一提升装置 32、第二提升装置 33、进入第一过道栏 34 和进入第二过道栏 35，进口门 31 设置在门框 36 内，门框 36 设置在进入第一过道栏 34 和进入第二过道栏 35 之间；门框 36 包括顶框 361、第一立柱 362 和第二立柱 363，进口门 31 和顶框 361 之间设有第二提升装置 33，第一提升装置 32 设置在顶框 361 上，用于提升第二提升装置 33。

图 1-1-3 为一种进口门和第二提升装置的实例的结构示

意图，如图 1–1–3 所示，顶框 361 和进口门 31 之间还设置有连接挡板 37，连接挡板 37 的两端分别连接至第一立柱 362 和第二立柱 363，连接挡板 37 和顶框 361 之间设置有第二提升装置 33，第二提升装置 33 和第一提升装置 32 通过升降杆 331 连接，且升降杆 331 穿出顶框 361 与第二提升装置 33 连接。

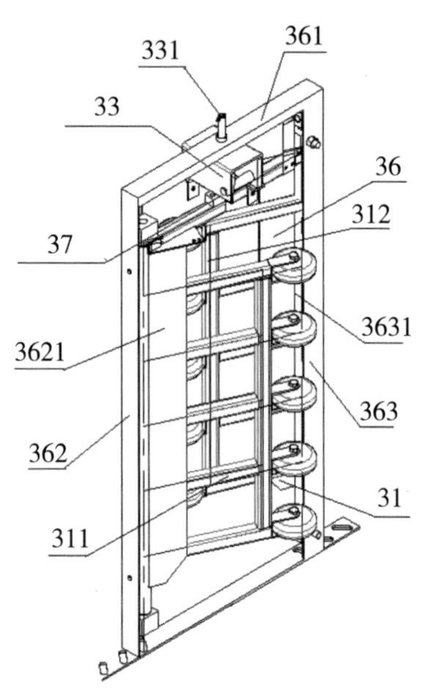

图 1–1–3　进口门和第二提升装置的结构示意图

31– 进口门；33– 第二提升装置；36– 门框；311– 第一进口门；312– 第二进口门；331– 升降杆；361– 顶框；362– 第一立柱；363– 第二立柱；3621– 第一卡槽；3631– 第二卡槽

如图 1–1–3 所示，进口门 31 包括第一进口门 311 和第二进口门 312，第一立柱 362 上设置有第一卡槽 3621，第二立柱 363 上设置有第二卡槽 3631，第一卡槽 3621 能够卡住第一进口门 311 的一端，第二卡槽 3631 能够卡住第二进口门 312 的一端，第一进口门 311 和第二进口门 312 的另一端呈交叉状；第一进口门 311 设置为向外转动，第二进口门 312 设置为向内转动。

可选的，第一进口门 311 和第二进口门 312 的另一端都设计为带有轮子，第一进口门 311 和第二进口门 312 分别都由一组横向平行的横梁组成，该横梁的一端与第一立柱 362 或第二立柱 363 连接，该横梁的另一端安装有轮子。

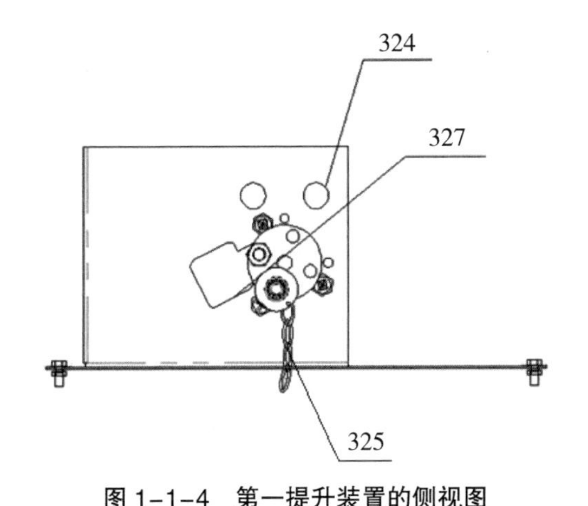

图 1-1-4　第一提升装置的侧视图

324- 传感器；325- 铰链；327- 感应限位板

图 1-1-4 为一种第一提升装置的实例的侧视图，图 1-1-5 为一种第一提升装置的实例的结构示意图；如图 1-1-4 和图 1-1-5 所示，第一提升装置 32 包括电机 321、转轴 322、轴承 323、传感器 324 和铰链 325，电机 321 通过连

接法兰 326 使转轴 322 转动，连接法兰 326 上设置有感应限位板 327，转轴 322 上设置有轴承 323，轴承 323 的轴承套上设置有铰链 325，铰链 325 上设置有第二提升装置 33；当感应限位板 327 转到传感器 324 的检测位置时，传感器 324 由常闭转变为常开，电机 321 停止转动，转轴 322 升到最高位置，同时第二提升装置 33 升到最高位置。

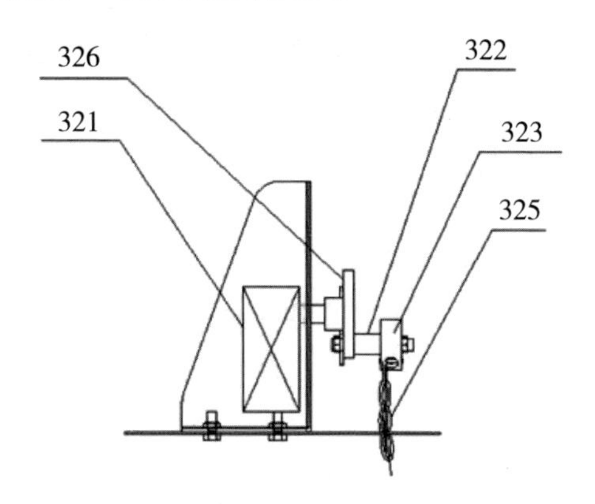

图 1-1-5　第一提升装置的结构示意图

321- 电机；322- 转轴；323- 轴承；325- 铰链；326- 连接法兰

可选的，传感器 324 为常闭传感器，常闭传感器只有传感器时候，常闭传感器是闭合的，当感应限位板接近时，常闭传感器断开。优选的，电机 321 为刮水电机。

第一提升装置 32 的工作原理：刮水电机 321 通电后，通过连接法兰 326 使转轴 322 转动，带动轴承套上的铰链 325 做圆周运动。在转动过程中，连法兰 326 上装有感应限位板 327，当感应限位板 327 转到与传感器 324 检测位置，常闭传感器 324 由常闭转变为常开，使刮水电机 321 停止转动，转抽 322 升到最高位置，铰链 325 所连的提升装置 2 升到最高位置，进口门 31 得以打开。

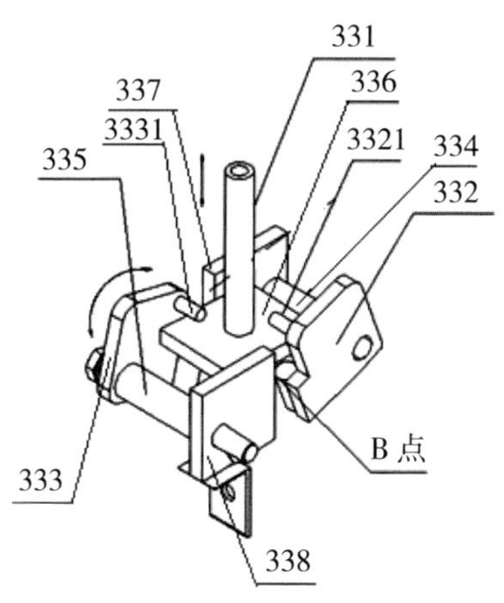

图 1-1-6　一种第二提升装置的结构示意图

331- 升降杆；332- 第一限位块；333- 第二限位块；334- 第一旋转轴；335- 第二旋转轴；336- 底座；337- 第一端面；3321- 第一杆；3331- 第二杆；B 点 - 第一限位块 332 的凸出部

图 1-1-6 为一种第二提升装置的实例的结构示意图，如图 1-1-6 所示，第二提升装置 33 包括升降杆 331、第一限位块 332、第二限位块 333、第一旋转轴 334、第二旋转轴 335 和底座 336，升降杆 331 的一端与底座 336 固定连接，升降杆 331 的另一端与铰链 325 连接，第一限位块 332 和第二限位块 333 以升降杆 331 为对称中心呈中心对称分布，第一限位块 332 上设置有第一杆 3321，第二限位块 333 上设置有第二杆 3331，且第一杆 3321 和第二杆 3331 以升降杆 331 为对称

中心呈中心对称分布，第一旋转轴 334 的一端穿过第一端面 337，第一旋转轴 334 的另一端穿过第一限位块 332，第二旋转轴 335 的一端穿过第二端面 338，第二旋转轴 335 的另一端穿过第二限位块 333，第一旋转轴 334 与第一限位块 332 间隙配合，第二旋转轴 335 与第二限位块 333 间隙配合，第一旋转轴 334 和第二旋转轴 335 能够灵活转动；第一限位块 332 用于阻挡第一进口门 311 的打开，第二限位块 333 用于阻挡第二进口门 312 的打开。

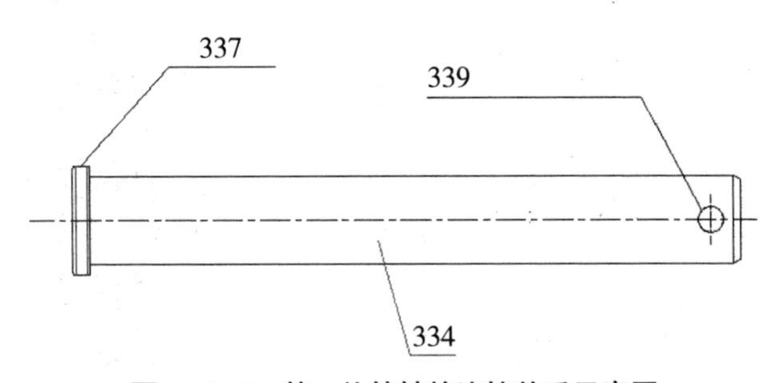

图 1-1-7　第一旋转轴的连接关系示意图

334- 传感器；337- 第一端面；339- 开口销

图 1-1-7 为一种第一旋转轴的实例的连接关系示意图，如图 1-1-7 所示，第一端面 337 和第二端面 338 为端面台阶，第一旋转轴 334 和第二旋转轴 335 分别通过穿 R 型开口销 339（4 × 40）与第一限位块 332 和第二限位块 333 连接。

第二提升装置 33 的工作原理：第一旋转轴 334 与第一限位块 332 间隙配合，第二旋转轴 335 与第二限位块 333 间隙配合，第一旋转轴 334 和第二旋转轴 335 能够灵活转动（这是前提）。当升降杆 331 处于最低点时，底座 336 会与第一杆 3321 和第二杆 3331 接触，第一限位块 332 的凸出部（B 点）和第二限位块 333 的凸出部（未示出）旋出第二提升装置 33，使第一限位块 332 的凸出部处于第一进口门 311 的打开方向上，阻挡第一进口门 311 的打开，同时使第二限位块 333 的凸出部处于第二进口门 312 的打开方向上，阻挡第二进口门 312 的打开。铰链 325 连接升降杆 331，升降杆 331 上升过程中，底座 336 不再与第一杆 3321 和第二杆 3331 接触，第一旋转轴 334 和第一杆 3321 同时旋转上升，第二旋转轴 335 和第二杆 3331 同时旋转上升，当升降杆 331 上升到最高点时，第一限位块 332 的凸出部（B 点）和第二限位块 333 的凸出部（未示出）旋进第二提升装置 33 内，使第一限位块 332 不再处于第一进口门 311 的打开方向上，同时使第二限位块 333 不再处于第二进口门 312 的打开方向上，进口门 31 得以打开。升降杆 331 下降过程中，第一旋转轴 334 和第一杆 3321 同时旋转下落，第二旋转轴 335 和第二杆 3331 同时旋转下落，升降杆 331 处于最低点时，第一限位块 332 的凸出部（B 点）和第二限位块 333 的凸出部旋出第二提升装置 33，进口门 312 处于被限制位置，不得打开。

第一提升装置 32 和第二提升装置 33 配合使用的工作原理为：当饲喂站内的控制器检测到饲喂站没有母猪进食时，控制器使第一提升装置 32 中的电机 321 转动，电机 321 带动铰链

325做圆周运动，铰链325连接升降杆331，使升降杆331上升，转轴322转到最高位置时，升降杆331升到最高位置，第一限位块332的凸出部（B点）和第二限位块333的凸出部旋进第二提升装置33内，进口门31得以打开，这时母猪可以推开进口门31进入饲喂站内进行进食；当检测器检测到饲喂站内有母猪进食时，检测器使电机321继续转动，电机321带动铰链325继续做圆周运动，升降杆331下降，转轴322转到最低位置时，升降杆331升到最低位置，第一限位块332的凸出部（B点）和第二限位块333的凸出部旋出第二提升装置33内，进口门31处于被限制位置，不得打开，这时饲喂站外面的母猪无法推开进口门31进入饲喂站内，保证饲喂站内只有一只母猪进食。

图1-1-8为一种给料装置的实例的结构示意图，如图1-1-8所示，饲喂站还包括给料装置4，给料装置4分别与进入通道3、出口通道1相连，给料装置4包括料斗41、下料电机42、拨料器43、料管44和食槽45，下料电机42和拨料器43均设置在料斗41的底端，下料电机42用于使拨料器43转动，料斗41的下方连接有料管44，料管44的另一端与食槽45连接。

可选的，给料装置4还包括读卡器46和控制盒47，控制盒47设置在给料装置4上，用于控制下料电机42的转动，食槽45上安装有读卡器46，读卡器46能够读取母猪身上带有

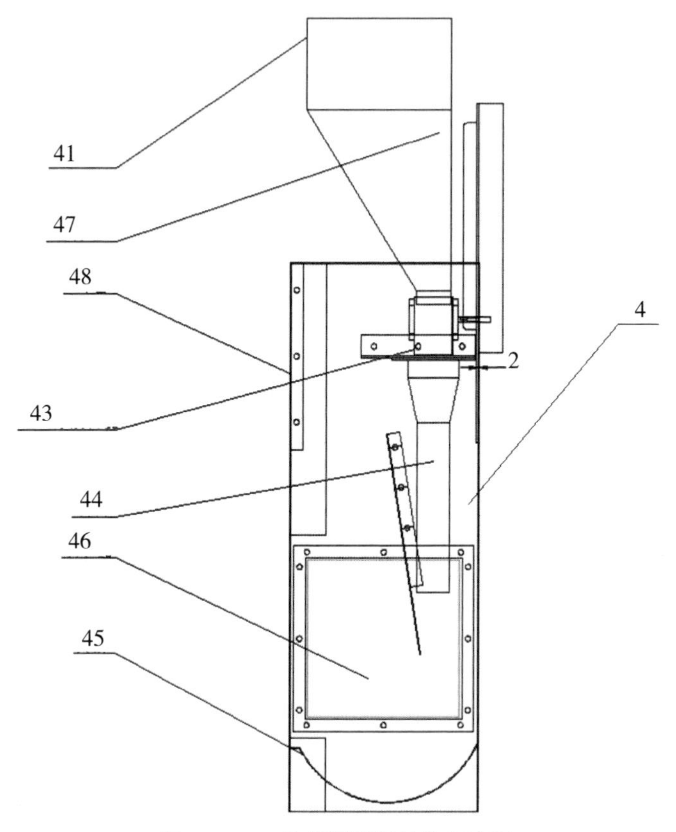

图 1-1-8　给料装置的结构示意图

4- 给料装置；41- 料斗；43- 下料电机；44- 料管；45- 食槽；46- 读卡器；47- 控制盒；48- 料仓

的耳标。

优选的，拨料器 43 为圆柱形拨料器，圆柱形拨料器为圆柱形的壳体周围焊接钢板条。料斗 41 为锥形料斗。

优选的，给料装置 4 还包括料仓 48，料斗 41 的底部与料仓 48 连通，料管 44 的一端从料仓 48 中伸出，并与食槽 45

连接。

给料装置4的工作原理：母猪右耳上的耳标，经读卡器46感应后，获得该母猪的进食参数。控制盒47根据读卡器46提出的参数，转动下料电机42，使圆柱形拔料器43随之转动，使料斗41内的饲料通过料管44进入到食槽45中，实现下料。根据拨料器43转动的时间可计算出下料量（如每次93克）。

进一步的，给料装置4还包括电磁阀，电磁阀通过程序进行控制，每5秒或每10秒下一次水，下水量可调。

从上面可以看出，本研究提出的一种母猪饲喂站根据母猪的个体情况来计算饲料量，完成饲料的投喂；同时利用杠杆原理实现出口门的自动连锁，保证只有饲喂站里面的母猪可以出去，饲喂站外面的母猪进不来；并且采用提升装置自动控制出口门的开合，保证饲喂站内只有一只母猪进食，避免饲喂站内多只母猪进食的情况。采用本研究的母猪饲喂站能够改善母猪的饲养状况，提高饲喂产率，节约饲料。本研究母猪饲喂站的推广可以有效促进养殖业发展，提高养殖者的收益，具有重要的社会意义和经济价值。

本研究申请了国家专利保护，申请号为：2017 2 0970302 0

1.2 一种母猪电子饲喂站

1.2.1 技术领域

本研究涉及动物饲养设备技术领域，特别是指一种母猪电子饲喂站。

1.2.2 背景技术

随着社会的进步与发展，养猪行业的自动化程度越来越高，母猪电子饲喂站的普及已迫在眉睫。目前市面上普遍采用各饲喂单元与服务器实时通信的控制方式，优点是可以实时把握猪只的进食情况，调整猪只的饲喂数据。由于目前猪场饲喂人员普遍文化程度较低，无法很好地使用计算机，造成饲喂站根本无法使用；数据实时传输，又对服务器已有数据架构和网络布设等要求很高，但是在猪场的环境里很容易出现无法连接服务器等问题，造成设备无法使用，影响猪只进食。

现有的进出口门单元大部分采用电控门，用时间来控制猪只的进出，但是在实际应用过程中，经常出现后面猪顶前面猪，造成怀孕母猪流产时有发生；而且在进口门单元会使用弹簧或拉簧，但是弹簧或拉簧使用寿命短，需要经常更换，这会造成整个饲喂站使用寿命短与不稳定。

针对以上问题，本研究研发了机械门单饲喂器的母猪饲喂站，很大程度地解决了进口门和饲喂器使用不便的问题，真正实现自动饲喂的目的。

1.2.3 解决方案

有鉴于此，本研究提出一种母猪电子饲喂站，该母猪电子饲喂站的进口门采用纯机械设计，没有任何的弹簧或拉簧，保证了使用寿命与稳定。

本研究提出的母猪电子饲喂站，包括采食通道、进口门、锁定装置和给料装置，给料装置设置在采食通道的一端，采食通道包括第一过道栏和第二过道栏，进口门设置在第一过道栏和第二过道栏之间。

进口门包括进口门第一端、进口门第二端和两个延伸臂，进口门第一端和进口门第二端形成第一夹角，延伸臂的一端与进口门连接，延伸臂的另一端与第一过道栏或第二过道栏铰接；第一过道栏和第二过道栏均包括第一杆和第二杆，第一杆和第二杆形成第二夹角，第一夹角等于第二夹角；锁定装置包括卡销、卡杠和挡片，卡销的支点与进口门铰接，卡杠设置在第一过道栏和第二过道栏之间，卡销包括卡销第一端和卡销第二端，卡销第一端和卡销第二端之间形成第三夹角，第三夹角小于第一夹角，卡销第一端设置在进口门第一端的下方，卡销第一端设置有两个挡片，且两个挡片相对设置，卡销第一端的端部垂直设置有板；当作用于卡销的作用力较小时，挡片与卡杠接触，卡杠对挡片具有阻挡作用，使进口门处于关闭状态；当作用于卡销的作用力足够大时，挡片克服卡杠的阻挡开始下落，从而进口门第一端翻转下来，进口门处于打开状态。

在本研究的其中一个设备中，延伸臂为四边形延伸臂，四边形延伸臂的相邻两边分别与进口门第一端和进口第二端连接，其余两边的连接处与第一过道栏或第二过道栏铰接。

在本研究的其中一个设备中，四边形延伸臂中分别与进口门第一端和进口第二端连接的相邻两边的夹角为第四夹角，第四夹角等于第一夹角。

在本研究的其中一个设备中，进口门第一端包括横梁，卡销的支点设置在卡销的弯折处，并与横梁铰接。

在本研究的其中一个设备中，在采食通道内设置有防卧杠，防卧杠的两端固定在地面上，防卧杠设置在采食通道的中间部位。

在本研究的其中一个设备中，还包括两个支脚，母猪电子饲喂站设置在两个支脚上，支脚对母猪电子饲喂站起到支撑和固定作用。

在本研究的其中一个设备中，卡杠上设置有减震部件，能够降低进口门与卡杠碰撞时产生的噪音。

在本研究的其中一个设备中，给料装置与采食通道相连，给料装置包括饲料仓、下料电机、料管和食槽，下料电机设置在饲料仓的底端，饲料仓的下方连接有料管，料管的另一端与食槽连接。

在本研究的其中一个设备中，给料装置还包括读卡器和控制盒，控制盒设置在饲料仓上，用于控制下料电机的转动，食槽上安装有读卡器，读卡器能够读取母猪身上带有的耳标。

本研究的母猪电子饲喂站采用自由进出门的技术方案，进口门包括进口门第一端、进口门第二端和两个延伸臂，两个延伸臂分别将进口门的支点延伸到第一过道栏或第二过道栏，两个支点在同一轴线上，进口门第一端和进口门第二端围绕这两个支点实现进口门的打开与关闭，该母猪电子饲喂站采用纯机械设计，没有实现任何的弹簧或拉簧，保证了使用寿命与稳定；同时本研究的电子饲喂站采用单主机单饲喂器，可以根据母猪的个体情况及时调整饲喂方案，真正实现自动饲喂。

1.2.4　附图说明

具体结构和功能说明如下。

图 1-2-1 为本研究的一种母猪电子饲喂站的进口门打开时的结构示意图，图 1-2-2 为本研究设备的一种母猪电子饲喂站的进口门关闭时的结构示意图；如图 1-2-2 所示，本研究设备提出一种母猪电子饲喂站，包括采食通道 1、进口门 2、锁定装置 3 和给料装置 4，给料装置 4 设置在采食通道 1 的一端，采食通道 1 包括第一过道栏 11 和第二过道栏 12，进口门 2 设置在第一过道栏 11 和第二过道栏 12 之间，锁定装置 3 使进口门处于关闭状态。

进口门 2 包括进口门第一端 21、进口门第二端 22 和两个延伸臂 23，进口门第一端 21 和进口门第二端 22 形成第一夹角，延伸臂 23 的一端与进口门 2 连接，延伸臂 23 的另一端与第一过道栏 11 或第二过道栏 12 铰接；第一过道栏 11 和第二过道栏 12 均包括第一杆 121 和第二杆 122，第一杆 121 和第二杆 122 形成第二夹角，第一夹角等于第二夹角。

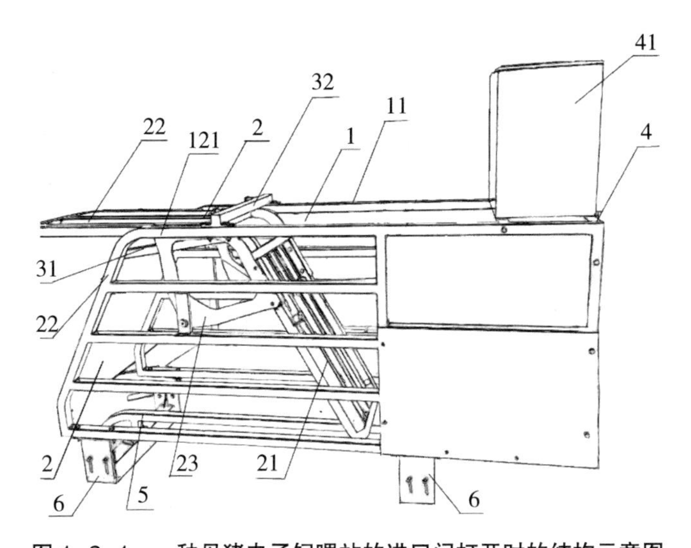

图 1-2-1　一种母猪电子饲喂站的进口门打开时的结构示意图

1- 采食通道；2- 进口门；4- 给料装置；5- 防卧杠；6- 支脚；11- 第一过道栏；21- 进口门第一端；22- 进口门第二端；23- 延伸臂；31- 卡销；32- 卡杠；41- 饲料仓；121- 第一杆

锁定装置 3 包括卡销 31、卡杠 32 和挡片 33，卡销 31 的支点与进口门 2 铰接，卡销 31 上设置有挡片 33，卡杠 32 设置在第一过道栏 11 和第二过道栏 12 之间，挡片 33 和卡杠 32 配合使用，使进口门 2 处于关闭状态。

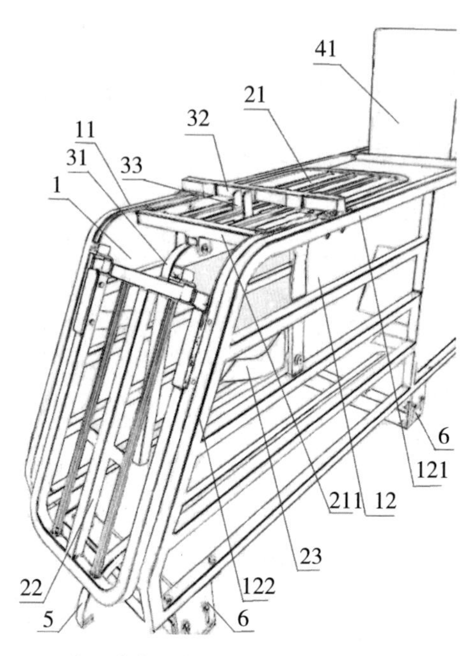

图 1-2-2　一种母猪电子饲喂站的进口门关闭时的结构示意图

1- 采食通道；5- 防卧杠；6- 支脚；11- 第一过道栏；12- 第二过道栏；
21- 进口门第一端；22- 进口门第二端；31- 卡销；32- 卡杠；33- 挡片；
41- 饲料仓；121- 第一杆；122- 第二杆；211- 横梁

本研究设备中的进口门包括进口门第一端 21、进口门第二端 22 和两个延伸臂 23，两个延伸臂 23 的作用是将进口门 2 的支点分别延伸到第一过道栏 11 和第二过道栏 12，其中，一个延伸臂 23 和第一过道栏 11 接触的部位设置有通孔，其中，一个延伸臂 23 和第一过道栏 11 通过通孔进行铰接，该铰接点作为支点，另一个延伸臂 23 和第二过道栏 12 接触的部位也设置有通孔，另一个延伸臂 23 和第二过道栏 12 也通过通孔进行铰接，该铰接点作为另外一个支点，两个支点对称，在同一轴线上，进口门第一端 21 和进口门第二端 22 绕着支点翻转，从而实现进口门 2 的打开和关闭。

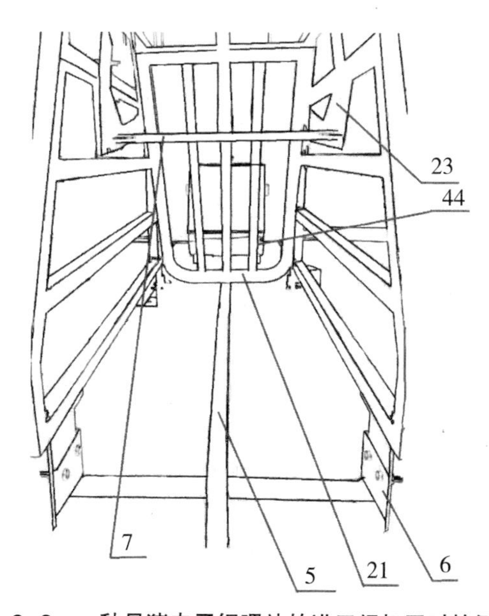

图 1-2-3　一种母猪电子饲喂站的进口门打开时的侧视图

5- 防卧杠；6- 支脚；7- 平衡轴；21- 进口门第一端；23- 延伸臂；44- 食槽

图 1-2-3 为本研究一种母猪电子饲喂站的进口门打开时的侧视图，如图 1-2-3 所示，作为另一可选的设备，可在两个通孔之间设置平衡轴 7，进口门第一端 21 和进口门第二端 22 绕着这个平衡轴 7 翻转，从而实现进口门 2 的打开和关闭。当进口门 2 处于打开状态时，当母猪进入该饲喂站后，猪头拱到进口门第一端 21，由于平衡轴 7 使得两端基本处于平衡，

一个很小的力量就可以使进口门 2 翻转，从而进口门第二端 22 翻转下来，挡住进口。

可选的，延伸臂 23 为四边形延伸臂，四边形延伸臂 23 的相邻两边分别与进口门第一端 21 和进口第二端 22 连接，其余两边的连接处与第一过道栏 11 或第二过道栏 12 铰接。进口门第一端 21 和进口门第二端 22 均由门框和多个纵向排列的杆组成，其中一个四边形延伸臂的相邻两边分别与进口门第一端 21 的门框长边和进口门第二端 22 的门框长边相连，另一个四边形延伸臂的相邻两边分别与进口门第一端 21 的门框另一长边和进口门第二端 22 的门框另一长边相连。优选的，四边形延伸臂 23 中分别与进口门第一端 21 和进口第二端 22 连接的相邻两边的夹角为第四夹角，第四夹角等于第一夹角，方便进口门第一端 21 和进口门第二端 22 的翻转。

第一过道栏 11 和第二过道栏 12 均包括第一杆 121 和第二杆 122，第一杆 121 和第二杆 122 形成第二夹角，第一夹角等于第二夹角，这样当进口门 2 处于关闭状态时，第一过道栏 11 和第二过道栏 12 与进口门第二端 22 形成一个封闭的空间，防止外面的母猪进入饲喂站。其中，第一夹角为 90° ~ 180° ，优选的，第一夹角为 110° ~ 130° ，在此角度下最为省力，只需要一个很小的力即可使进口门 2 发生翻转。在实际应用中，第一夹角可以大于第二夹角 10° 内，这时当进口门 2 处于关闭状态时，进口门第二端 22 与第一过道栏 11 和第二过道栏 12 有一定的缝隙，但由于母猪体型较大，也无法进入饲喂站中。

优选的，第一过道栏 11 和第二过道栏 12 为直角梯形，还包括多个与第一杆 121 横向平行的横杆，这些横杆之间的间距相等。

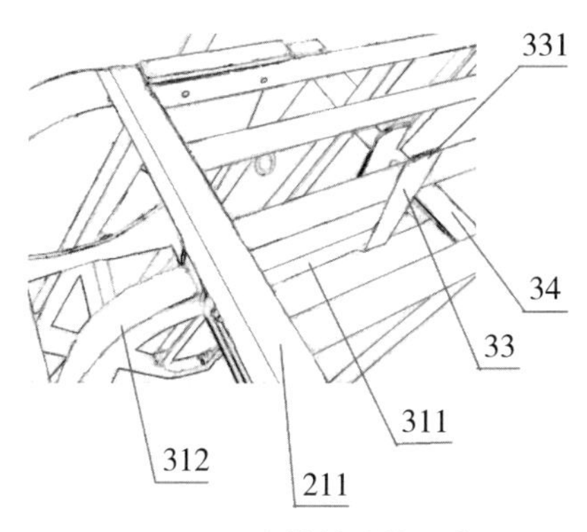

图 1-2-4　卡销的结构示意图

33- 挡片；34- 板；211- 横梁；311- 卡销第一端；312- 卡销第二端；331- 弹性部

图 1-2-4 为本研究设备的卡销的结构示意图，如图 1-2-4 所示，卡销 31 包括卡销第一端 311 和卡销第二端 312，卡销第一端 311 和卡销第二端 312 之间形成第三夹角，第三夹角小于第一夹角，卡销第一端 311 设置在进口门第一端 21 的下方。优选的，进口门第一端 21 包括横梁 211，卡销 31 的支点设置在卡销 31 的弯折处，并与横梁 211 铰接，这样当母猪退出饲喂站时，只需要一个很小的力碰到卡销第二端 312，即可使卡销第一端 311 下落。

卡销第一端311设置有两个挡片33，且两个挡片33相对设置，进口门第一端21中的其中一个杆设置在两个挡片33之间。可选的，在卡销第一端311的端部垂直设置一板34，该板34与进口门第一端21中的多个杆接触，但不固定连接，增大受力面积，用于分散进口门第一端21对卡销第一端311的力，防止由于卡销第一端311的力过大造成饲喂站整体变形。当作用于卡销31的作用力较小时，挡片33与卡杠32接触，卡杠32对挡片33具有阻挡作用，使进口门2处于关闭状态；当作用于卡销31的作用力足够大时，挡片33克服卡杠32的阻挡开始下落，从而进口门第一端21翻转下来，进口门2处于打开状态。

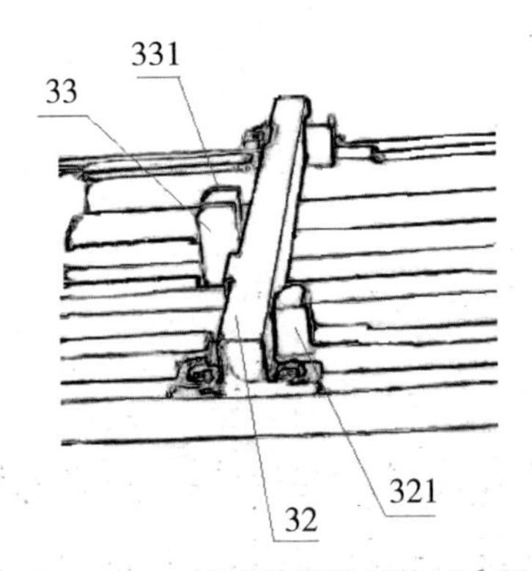

图1-2-5　锁定装置的结构示意图

32-卡杠；33-挡片；321-减震部件；331-弹性部

图1-2-5为本研究设备的锁定装置的结构示意图，如图1-2-5所示，锁定装置3还包括卡杠32，卡杠32设置在第一

过道栏 11 和第二过道栏 12 之间，挡片 33 和卡杠 32 配合使用，使进口门 2 处于关闭状态。具体的为：当进口门 2 处于关闭状态时，进口门第一端 21 和卡销第一端 311 均会受到重力的作用，进口门第一端 21 和卡销第一端 311 均有下落的趋势，但是卡销第一端 311 在下落的过程中，两个挡片 33 会接触到卡杠 32，卡杠 32 对挡片 33 具有阻挡作用，而且由于重力的作用比较小，使挡片 33 无法克服卡杠 32 的阻挡继续下落，从而进口门 2 继续保持关闭状态，因此，锁定装置 3 能够使进口门 2 保持关闭状态。而当母猪采食完毕，退出饲喂站时，母猪屁股会先碰到卡销第二端 312，但是由于母猪的力量足够大，挡片 33 克服卡杠 32 的阻挡开始下落，接着母猪会碰到进口门第二端 22，从而进口门第一端 21 翻转下来，进口门 2 处于打开状态。因此，在本研究设备中，进口门第一端 21 和卡销第一端 311 受到的重力作用只能使两个挡片 33 的端部和卡杠 32 接触，但重力不足以克服卡杠 32 的阻挡继续下落，从而使进口门 2 保持关闭状态，而当母猪屁股碰到卡销第二端 312 时，该作用力足以使两个挡片 33 克服卡杠 32 的阻挡继续下落，从而使进口 2 打开。

优选的，挡片 33 与卡杠 32 接触的部分设置有弹性部 331，当作用于卡销 31 的作用力足够大时，弹性部 331 克服卡杠 32 的阻挡开始下落，从而进口门第一端 21 翻转下来，进口门 2 处于打开状态。

在本研究设备中，弹性部 331 由弹性材料制成，弹性材料可为橡胶，但不限于此。当母猪在饲喂站进食完毕后，退出母猪电子饲喂站，母猪屁股会顶着卡销第二端 312，由于母猪作用于卡销第二端 312 的作用力足够大，能够克服卡杠 32 的阻挡继续下落，母猪继续后退碰到进口门第二端 22 时，进口门第一端 21 翻转下来，进口门 2 得以打开。作用于卡销 31 的作用力较小指的是进口门第一端 21 和卡销第一端 311 所受到的重力不足以使弹性部 331 发生形变，不能够克服卡杠 32 对两个挡片 33 的阻挡，即重力小于弹性部 331 的弹性形变力；作用于卡销 31 的作用力足够大时指的是母猪作用于卡销第二端 312 的作用力足以使弹性部 331 发生形变，能够克服卡杠 32 对两个挡片 33 的阻挡，即作用力大于弹性部 331 的弹性形变力。

当进口门 2 处于打开状态时，当母猪进入该饲喂站后，猪头拱到进口门第一端 21，从而进口门第二端 22 开始翻转，而进口门第二端 22 翻转的过程中会压到卡销第二端 312，卡销第一端 311 和进口门第一端 21 会一起翻转上来，顶部设置有卡杠 32，刚好把进口门锁住，实现猪只自由采食。

在本研究设备中，卡杠 32 的另一作用为：当进口门 2 处于关闭状态时，饲喂站外面的母猪想要进入饲喂站会拱进口门第二端 22，但由于卡杠 32 的限制作用，进口门第一端 21 无法发生翻转，进口门 2 还是处于关闭状态，外面的母猪无法进入饲喂站，保证饲喂站内每次只有一只母猪进食。

优选的，卡杠 32 上设置有减震部件 321，能够降低进口门 2 与卡杠 32 碰撞时产生的噪音。可在卡杠与进口门 2 接触的部位设置减震部件 321，如卡杠 32 上靠近挡片 33 的一面上对称设置有两个减震部件 321，减震部件 321 可为塑料块。母猪退出饲喂站时，碰到进口门第二端 22 的力过大，会使进口门 2 翻转的幅度过大，从而与卡杠 32 碰撞时产生较大的噪音，惊吓到母猪，而减震部件 321 能够降低进口门 2 与卡杠 32 碰撞时产生的噪音，防止惊吓到母猪。

优选的，防卧杠 5 的两端固定在地面上，防卧杠 5 设置在采食通道 1 的中间部位，并且离给料装置 50 厘米处，同时该防卧杠 5 距离地面的高度为 10 厘米，防卧杠 5 可以防止母猪躺卧在采食通道 1 内，不愿离开饲喂站，影响下一只母猪的进食。

优选的，还包括两个支脚 6，母猪电子饲喂站设置在两个支脚 6 上，支脚 6 对母猪电子饲喂站起到支撑和固定作用。其中一个支脚 6 设置在第一过道栏 11 和第二过道栏 12 的一端，母猪电子饲喂站的一端，另一个支脚 6 设置在第一过道栏 11 和第二过道栏 12 的另一端。

在本研究设备中，进口门 2 有两种工作状态，分别为打开状态和关闭状态，初始状态为进口门 2 打开状态，此时母猪可以进入饲喂站进行采食，当母猪进入饲喂站后，会用猪头拱进口门第一端 21，进口门第二端 22 会开始翻转，进口门第二端

22 翻转过程中，会压到卡销第二端 312，卡销第二端 312 开始下落，卡销第一端 311 会随着进口门第一端 21 开始上升，进口门第二端 22 翻转下来后，由于锁定装置 3 的存在使进口门 2 保持关闭状态；当母猪采食完毕后，退出饲喂站，猪屁股会首先碰到卡销第二端 312，卡销第一端 311 开始下落，锁定装置 3 打开，母猪继续后退碰到进口门第二端 22 时，进口门第一端 22 翻转下来，进口门 2 打开，母猪退出饲喂站，下一只母猪继续进入饲喂站采食。

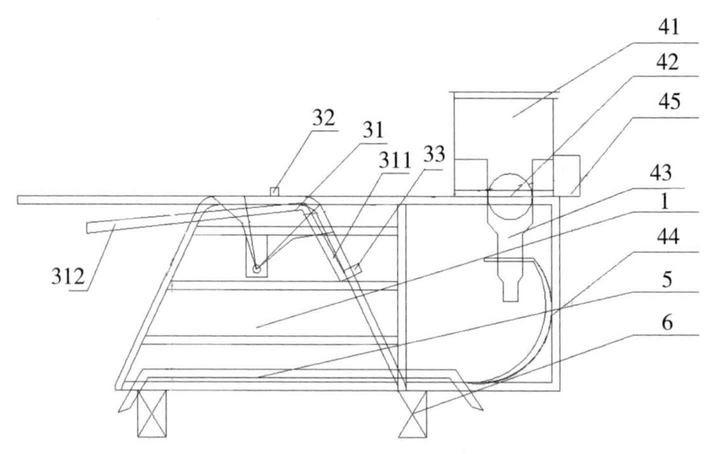

图 1-2-6　一种母猪电子饲喂站的进口门打开时的主视图

1- 采食通道；5- 防卧杠；6- 支脚；31- 卡销；32- 卡杠；33- 挡片；41- 饲料仓；42- 下料电机；43- 料管；44- 食槽；45- 控制盒；311- 卡销第一端；312- 卡销第二端

图 1-2-6 为本研究设备的一种母猪电子饲喂站的进口门打开时的主视图，如图 1-2-6 所示，给料装置 4 与采食通道 1 相连，给料装置 4 包括饲料仓 41、下料电机 42、料管 43 和

食槽 44，下料电机 42 设置在饲料仓 41 的底端，饲料仓 41 的下方连接有料管 43，料管 43 的另一端与食槽 44 连接。

在本研究设备中，给料装置 4 还包括读卡器（未示出）和控制盒 45，控制盒 45 设置在饲料仓 41 上，用于控制下料电机 42 的转动，食槽 44 上安装有读卡器，读卡器能够读取母猪身上带有的耳标。采用先进的 134.2 赫兹读卡器，读取耳标距离 20 厘米以上。

给料装置 4 的工作原理：母猪身上的耳标，经读卡器感应后，获得该母猪的进食参数。控制盒 45 根据读卡器提出参数，转动下料电机 42，使下料电机 42 随之转动，使饲料仓 41 内的饲料通过料管 43 进入到食槽 44 中，实现下料。根据下料电机 42 转动的时间可计算出下料量（如每次 93 克）。采用精密的下料方式，单圈下料量 200 克的情况下，误差 ±1% 以内。

母猪电子饲喂站采用 24 伏直流电源，保证猪只安全。采用 220 伏直供到饲喂站电源箱内，避免低压 24 伏供电，造成压降太大，影响设备正常使用。

本研究的电子饲喂站采用单主机，单饲喂器的模式。

采用同进同出的理念，饲喂站有 5 个按钮，分别为：调整 / 查询，增加，减少，确定，返回 / 清除，如表 1-2-1 所示。

表 1-2-1 按键名称及其作用

按键名称	调整 / 查询	增加	减少	确定	返回 / 清除
作 用	可进行数据查询与参数调整	数据调整时增加或者翻页	数据调整时减少或者翻页	确定参数或者数据	参数等数据查询修改时，返回或者饲喂站数据删除

1. 调整 / 查询

按一次该按键，进入参数调整界面，可以调整单圈下料量，饲喂量，饲喂器时间以及下料次数等数据。

连续按 3 秒，可以查询该饲喂站猪只当日的进食情况。进食数据按照进食量从小到大排列，便于饲养员及时掌握进食情况。

2. 增加

该按键在参数调整界面，可以按“增加”“减少”键来选取需要设置的参数，点确定选定需要设置的参数，通过按“增加”按钮来实现数据的修改。

当进行进食情况查询时，则可以按“增加”键来实现翻页。

3. 减少

该按键在参数调整界面，可以按“增加”“减少”键来选取需要设置的参数，点确定选定需要设置的参数，通过按“减少”按钮来实现数据的修改。

当进行进食情况查询时，则可以按“减少”键来实现翻页。

4. 确定

该按键在参数调整界面，可以按“增加”“减少”键来选取需要设置的参数，点“确定”选定需要设置的参数，设置完成后点“确定”按钮进行保存。

5. 返回 / 删除

在参数调整界面，当选取的参数设置不需要修改时，则按“返回”键来返回上一界面。

长按“返回”键 3 秒钟，则可以删除该饲喂站内的猪只信息。

使用步骤：

（1）给饲喂器接通 220 伏电源，设备启动。

（2）参数调整。

① 对时间进行校准。如果和实际时间一致，则不再设置，如果不一致，则进行手动校准。

② 使用猪场的饲料，多次下料平均的方法（10 次）测出单圈下料量，把该参数设置到饲喂站内。

③ 饲养员根据该圈内猪只的实际情况，对进食量进行设置，该数据为统一数据，该饲喂站内母猪全部按这一数据进行饲喂。随着猪只怀孕天数的变化，则猪只的进食量也在变化，饲养员要及时对数据进行重新设置。

④ 饲喂次数：根据猪场的习惯，可以进行一次或者两次饲喂，如果采用一次，则猪只进入饲喂站刷到耳标后一次下完；如果采用两次，则每次下料 50%。

⑤ 数据查询：饲养员可以对当天数据进行查询，按查询按钮后显示出猪只当天的进食数据，饲养员可以及时了解一天的数据信息。

⑥ 当猪只的上产床分娩了，则该圈的耳标数据无法一直累计，影响饲养员对进食数据的查询，该圈猪只移出后，按“清除”按钮，删除饲喂器母猪信息。

由上述内容可知，本研究的母猪电子饲喂站采用自由进出门的技术方案，进口门包括进口门第一端、进口门第二端和两个延伸臂，两个延伸臂分别将进口门的支点延伸到第一过道栏或第二过道栏，两个支点在同一轴线上，进口门第一端和进口门第二端围绕这两个支点实现进口门的打开与关闭，该母猪电子饲喂站采用纯机械设计，没有实现任何的弹簧或拉簧，保证了使用寿命与稳定；同时本研究的电子饲喂站采用单主机单饲喂器，可以根据母猪的个体情况及时调整饲喂方案，真正实现自动饲喂。

本研究申请了国家专利保护，申请号为：2017 2 1173647 X

1.3 一种种猪性能测定站及测定系统

1.3.1 技术领域

本研究涉及动物性能测定设备领域，特别是指一种种猪性能测定站及测定系统。

1.3.2 背景技术

随着国内养猪育种规范化及规模化的发展，国家对养殖场种猪育种数据、育种标准化流程的关注度不断提高。如何获取规范的育种数据成为现代育种养殖场面临的突出问题。传统的种猪生产性能测定模式是：2~5 头待测猪，同时饲养在一个大栏中，每头待测猪必须经过训练后在固定的采食位置进食。测定人员记录测定猪每天的采食重量，并定期对测定猪称重以获得测定猪生长速度的数据。这种手工测定模式的不足之处：一是测定中容易发生主观误差，如饲料称重不准确或测定记录出错。二是不能对测定猪生长速度进行连续记录。手工测定中对种猪称重是一个烦琐和费力的过程，每次称重必将对测定猪造成应激并对测定猪生长发育造成不利影响，人们不可能对测定猪进行每天称重进而取得其生长速度的连续数据。三是测定模式决定了测定数据的客观偏差。因此，亟须创新设计一个适合我国国情的生猪繁育体系，通过种猪性能测定装置所提供的性能数据进行评估，并将结果反馈至育种场，核心育种场以评估结果为依据选留优良种猪，在此基础上开展持续的选育改良，并采集正确的育种数据及结果。

1.3.3 解决方案

有鉴于此，本研究提出一种种猪性能测定站及测定系统，在猪只自由采食时测定出猪只的采食量以及体重变化量，使用方便。

本研究提出的种猪性能测定站，包括体重称重装置、自动下料装置、饲喂称重装置以及控制器。自动下料装置包括储料箱、设置在储料箱下方的绞龙下料器以及与绞龙下料器连接的电机，电机与控制器连接；饲喂称重装置包括设置于自动下料装置下方的食槽以及设置于食槽上的第一称重传感器，第一称重传感器与控制器连接，用于采集食槽中饲料的重量信息；食槽靠近绞龙下料器出口的一端设置有进料口，食槽另一端设置有饲喂口；体重称重装置靠近食槽的饲喂口，用于在猪只采食时采集猪只的体重信息。

体重称重装置包括称重护栏、设置于称重护栏内的称重通道护栏以及设置于称重护栏以及称重通道护栏之间的体重秤；称重通道护栏的内部形成能够容纳猪只通过的通道，称重通道护栏的一侧紧靠食槽的饲喂口，另一侧设置有用于容纳猪只进入通道的通道口；体重秤包括沿竖直方向由上至下依次设置的吊秤横梁、第一吊梁以及第二吊梁，吊秤横梁、第一吊梁以及第二吊梁相互平行且位于称重护栏以及称重通道护栏的上方；

吊秤横梁的一端通过竖直设置的第一体重秤支架连接至称重护栏的一侧，另一端通过竖直设置的第二体重秤支架连接至称重护栏的另一侧；吊秤横梁的顶部设置有传感器支架，传感器支架靠近吊秤横梁的一端；传感器支架上设置有第二称重传感器，第二称重传感器连接至控制器；第二称重传感器穿过吊秤横梁并连接至第一吊梁的一端，第一吊梁的另一端连接至第二体重秤支架；靠近第一吊梁的另一端竖直设置第一夹片，第一夹片连接至称重通道护栏的另一侧；第二吊梁的一端与第一体重秤支架连接，另一端通过竖直设置的第二夹片连接至第一吊梁；靠近第二吊梁的一端设置有竖直方向的第三夹片，第三夹片连接至称重通道护栏的一侧。

第一体重秤支架与第三夹片之间的水平距离等于第二体重秤支架与第一夹片之间的水平距离；第一体重秤支架与第二夹片之间的水平距离等于第二体重秤支架与第二夹片之间的水平距离。

称重通道护栏为长方体框架结构，包括四根位于竖直方向的竖梁、四根位于竖梁顶部且连接相邻两个的竖梁的横梁以及位于竖梁底部的承重底板。其中，位于通道口上方的横梁、靠近食槽的横梁以及承重底板上分别设置有位置对应的多个安装孔，用于安装竖梁；第一夹片、第三夹片分别安装于设置有安装孔的两个的横梁中部；通道两侧的第一竖梁之间各设置有一个称重通道挡板。

称重护栏为长方体框架结构，包括分别位于通道口上方以及位于食槽上方的两个称重横梁，第一体重秤支架以及第二体重秤支架分别设置于两个称重横梁的中部；通道两侧各设置有一个称重挡板。

第一称重传感器以及第二称重传感器各设置有一个缓冲弹簧。

种猪性能测定站还包括“日”字形框架，储料箱固定在“日”字形框架的最上层的横梁上；“日”字形框架中层的横梁上设置有称架，第一称重传感器一端通过传感器支座固定在称架上，另一端穿过称架与食槽连接；食槽底部的边角采用圆滑处理；控制器固定在“日”字形框架上部。

储料箱内部设置有防结拱装置，防结拱装置包括扭簧、扭簧支座及振动棒，扭簧一端与振动棒连接，另一端与绞龙下料器连接。

还包括读卡器和电子耳牌，读卡器设置于食槽上，读卡器与控制器连接；电子耳牌由猪只佩戴，用于被读卡器识别并确定电子耳牌所在猪只的身份信息。

另一方面，本研究还提出了一种种猪性能测定系统，包括：服务器以及至少一个如上述的种猪性能测定站；种猪性能测定站通过控制器将种猪性能测定站采集到的信息发送给服务器；服务器接收、保存并分析信息，获得种猪性能测定的结果。

从上面可以看出，本研究提供的种猪性能测定站及测定系统，在使用时当佩戴耳牌的猪只进入测定站采食时，通过饲喂称重装置获得该猪的采食量，通过体重称重装置获得猪只的体重变化，根据采集到的数据进行计算，得到测定结果；体重秤采用杠杆结构，结构简单，使用方便。

1.3.4 附图说明

具体结构和功能说明如下。

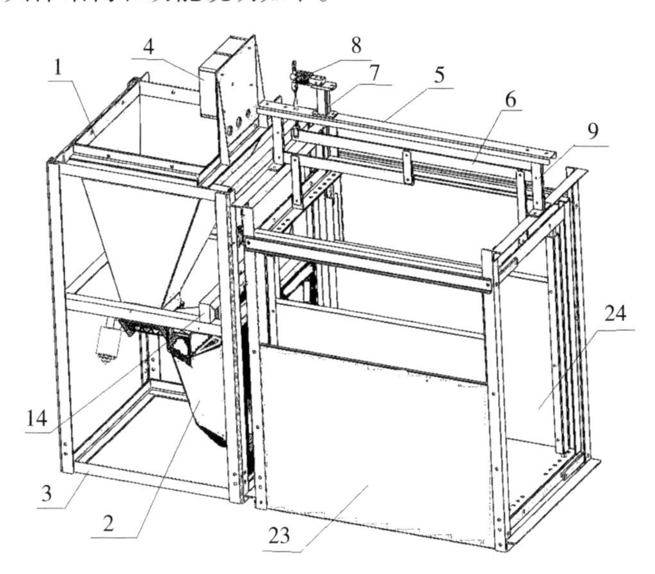

图 1–3–1 种猪性能测定站结构示意图

1– 储料箱；2– 食槽；3–“日”字形框架；4– 控制器；5– 吊秤横梁；6– 第一吊梁；7– 传感器支架；8– 第二称重传感器；9– 第二体重秤支架；14– 称架；23– 一个称重挡板；24– 称重通道挡板

图 1–3–1 为本研究种猪性能测定站结构示意图；图 1–3–2 为本研究种猪性能测定站另一示意图；图 1–3–3 为本

研究食槽结构示意图。本研究提出的一种种猪性能测定站，包括体重称重装置、自动下料装置、饲喂称重装置以及控制器4。

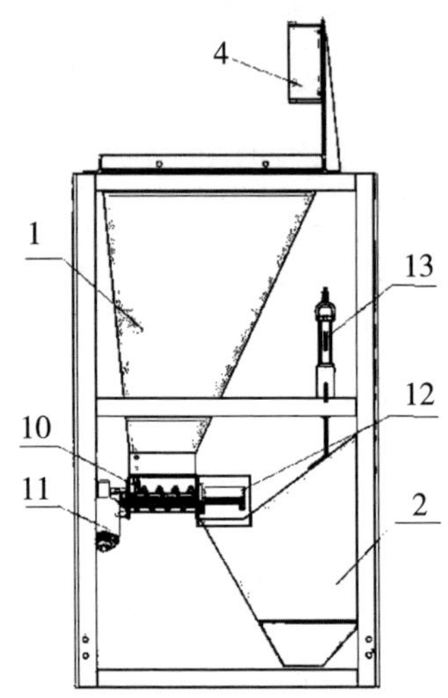

图 1-3-2　种猪性能测定站另一示意图

1-储料箱；2-食槽；4-控制器；10-绞龙下料器；11-电机；12-密封装置；13-第一称重传感器

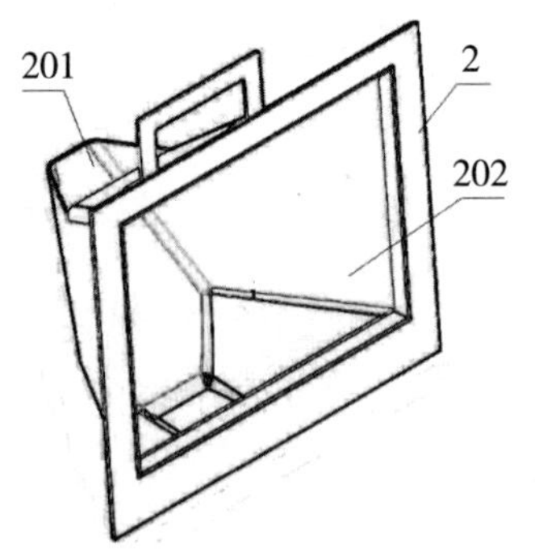

图 1-3-3　述食槽结构示意图

2-食槽；201-进料口；202-饲喂口

其中，自动下料装置包括储料箱 1、设置在储料箱 1 下方的绞龙下料器 10 以及与绞龙下料器 10 连接的电机 11，电机 11 与控制器 4 连接。储料箱容积 0.8m^3，材质为玻璃钢，玻璃钢有最强塑料之称，材质轻、强度高、耐高温，耐热，耐腐蚀，不会发生锈蚀，热传导系数为铁制之 1/250，温度稳定，有着较长的寿命。储料箱内壁光滑，下料顺畅不挂料。

饲喂称重装置包括设置于自动下料装置下方的食槽 2 以及设置于食槽 2 上的第一称重传感器 13，第一称重传感器 13 与控制器 4 连接，用于采集食槽 2 中饲料的重量信息；食槽 2 靠近绞龙下料器 10 出口的一端设置有进料口 201，食槽 2 另一端设置有饲喂口 202。

体重称重装置靠近食槽 2 的饲喂口 202，用于在猪只采食时采集猪只的体重信息。

储料箱 1 内部设置有防结拱装置，防结拱装置包括扭簧、扭簧支座及振动棒，扭簧一端与振动棒连接，另一端与绞龙下料器 10 连接。每次下料时，绞龙下料器 10 的绞龙叶片转动带动震动棒产生震动，从而防止饲料结拱。

绞龙下料器 10 的出口与食槽 2 的进料口 201 之间设置有用于密封的密封装置 12，防止在下料的过程中造成饲料飞溅。同时，采用绞龙下料器 10 输送饲料，结构简单，尺寸小，紧凑；使得下料过程处于密封的工作状态，防止粉尘飞扬，改善工作环境；绞龙叶每转一圈的输送量精确，保证每次下料的准确性。

当猪只进入测定站采食时，控制器 4 会记录猪只进入之前的时间并测定食槽 2 的重量，以及猪只采食后退出时的时间和食槽 2 的重量，根据食槽 2 的重量差得到猪只此次的采食量。在测定猪只采食量的同时，猪只站立一个体重称重装置上，体重称重装置将记录该测定猪本次采食时的体重值。由于自由采食的缘故，每头测定猪每天将进入测定站进行采食 10~15 次，系统将每头测定猪每次的采食量自动累加成为每天的采食量记录，并从当日测定的体重值中取一个中间值作为该测定猪当天的体重，用于种猪性能测定的基本参数。

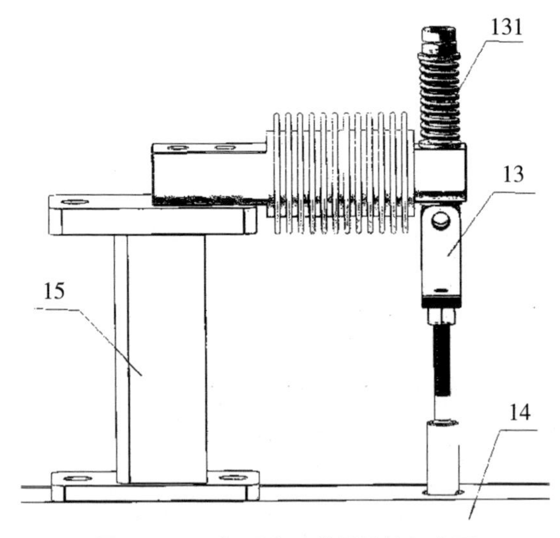

图 1-3-4　饲喂称重装置结构示意图

13- 第一称重传感器；14- 称架；15- 传感器支座；131- 缓冲弹簧

图 1-3-4 为本研究饲喂称重装置结构示意图。可选的，第一称重传感器 13 以及第二称重传感器 8 设置有一个缓冲弹簧 131，减轻猪只采食对传感器的冲击，提高测量精度。第一称重传感器 13 与第二称重传感器 8 的量程为 50 千克，称量精度 ±5 克，C3 精度等级，IP68 防护等级，保证称重的精确。

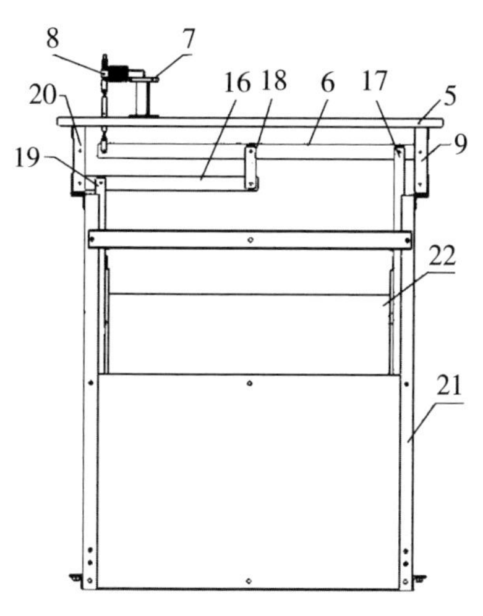

图 1-3-5　体重称重装置结构示意图

5- 吊秤横梁；6- 第一吊梁；7- 传感器支架；8- 第二称重传感器；16- 第二吊梁；17- 第一夹片；18- 第二夹片；19- 第三夹片；20- 第一体重秤支架；21- 称重护栏；22- 称重通道护栏

图 1-3-5 为本研究的体重称重装置结构示意图。在本研究的另一个实施例中，体重称重装置包括称重护栏 21、设置于称重护栏 21 内的称重通道护栏 22、设置于称重护栏 21 以及称重通道护栏 21 之间的体重秤。称重通道护栏 22 的内部形成能够容纳猪只通过的通道，称重通道护栏 22 的一侧紧靠食

槽 2 的饲喂口 202，另一侧设置有用于容纳猪只进入通道的通道口。称重护栏 21 完全遮蔽猪只全身，完全限制抢食，确保猪只在采食过程中不受打扰，独立采食。

体重秤包括沿竖直方向由上至下依次设置的吊秤横梁 5、第一吊梁 6 以及第二吊梁 16，吊秤横梁 5、第一吊梁 6 以及第二吊梁 16 相互平行且位于称重护栏 21 以及称重通道护栏 22 的上方。进一步的，吊秤横梁 5 的一端通过竖直设置的第一体重秤支架 20 连接至称重护栏 21 的一侧，另一端通过竖直设置的第二体重秤支架 9 连接至称重护栏 21 的另一侧。吊秤横梁 5 的顶部设置有传感器支架 7，传感器支架 7 靠近吊秤横梁 5 的一端；传感器支架 7 上设置有第二称重传感器 8，第二称重传感器 8 连接至控制器。第二称重传感器 8 穿过吊秤横梁 5 并连接至第一吊梁 6 的一端，第一吊梁 6 的另一端连接至第二体重秤支架 9。靠近第一吊梁 6 的另一端竖直设置第一夹片 17，第一夹片 17 连接至称重通道护栏 22 的另一侧；第二吊梁 16 的一端与第一体重秤支架 20 连接，另一端通过竖直设置的第二夹片 18 连接至第一吊梁 6。靠近第二吊梁 16 的一端设置有竖直方向的第三夹片 19，第三夹片 19 连接至称重通道护栏 22 的一侧。

第一体重秤支架 20 与第三夹片 19 之间的水平距离等于第二体重秤支架 9 与第一夹片 17 之间的水平距离；第一体重秤支架 20 与第二夹片 18 之间的水平距离等于第二体重秤支架 9

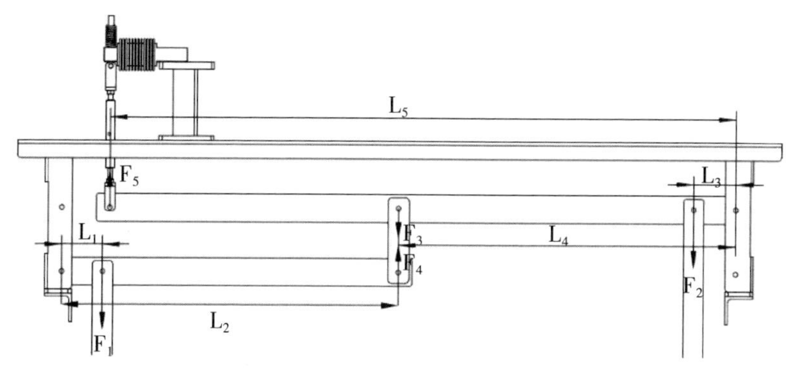

图 1-3-6 体重秤杠杆原理示意图

F_1- 第三夹片 19 受到向下的力；F_2- 第一夹片 17 受到向下的力；L_1- 第一体重秤支架 20 与第三夹片 19 之间的水平距离；L_2- 第一体重秤支架 20 与第二夹片 18 之间的水平距离；L_3- 第二体重秤支架 9 与第一夹片 17 之间的水平距离；L_4- 第二体重秤支架 9 与第二夹片 18 之间的水平距离；L_5- 第二体重秤支架 9 与第二称重传感器 8 之间的水平距离

与第二夹片 18 之间的水平距离。

体重称采用杠杆秤的原理，适度地放大倍数，减小第二称重传感器 8 的量程，提高测量精度。参照图 1-3-6 所示，设：第一体重秤支架 20 与第三夹片 19 之间的水平距离为 L_1，第一体重秤支架 20 与第二夹片 18 之间的水平距离为 L_2，第二体重秤支架 9 与第一夹片 17 之间的水平距离为 L_3，第二体重秤支架 9 与第二夹片 18 之间的水平距离为 L_4，第二体重秤支架 9 与第二称重传感器 8 之间的水平距离为 L_5；第三夹片 19 受到向下的力 F_1，第一夹片 17 受到向下的力 F_2，第二夹片 18 受到的向上的力 F_4、向下的力 F_3，第二称重传感器 8 受到向下的拉 F_5。依据杠杆平衡原理，$F_1 \times L_1=F_4 \times L_2$，

$F_2 \times L_3+F_3 \times L_4=F_5 \times L_5$；由于力的作用是相互的，故 $F_3=F_4$；而设计时另 $L_1=L_3$，$L_4=L_2$，则 $F_1 \times L_1+F_2 \times L_1=F_5 \times L_5$，则 $F_5=$（F_1+F_2）$\times L_1/L_5$，由于重物重量 $G=F_1+F_2$，则 $F_5=G \times L_1/L_5$，从而得到重物的重量。

在本研究的另一个实施例中，称重通道护栏 22 为长方体框架结构，包括四根位于竖直方向的竖梁、四根位于竖梁顶部且连接相邻两个的竖梁的横梁以及位于竖梁底部的承重底板。其中，位于通道口上方的横梁、靠近食槽 2 的横梁以及承重底板上分别设置有位置对应的多个安装孔，用于安装竖梁；通过调节竖梁在横梁上的位置，可以调节称重通道护栏 22 的安装位置。可以随着猪只的生长调节护栏的安装位置，确保通道只能允许单只猪进入，尺寸设计可以适用于 25~110 千克体重的猪只。第一夹片 17、第三夹片 19 分别安装于设置有安装孔的两个的横梁中部；通道两侧的第一竖梁之间各设置有一个称重通道挡板 24，保证猪只在采食时位于体重称重装置上，便于体重的测量。

称重护栏 21 为长方体框架结构，包括分别位于通道口上方以及位于食槽上方的两个称重横梁，第一体重秤支架 20 以及第二体重秤支架 9 分别设置于两个称重横梁的中部；通道两侧各设置有一个称重挡板 23。

种猪性能测定站还包括“日”字形框架 3，储料箱 1 固定在“日”字形框架 3 的最上层的横梁上；“日”字形框架 3 中层的横梁上设置有称架 14，第一称重传感器 13 一端通过传感器支座 15 固定在称架 14 上，另一端穿过称架 14 与食槽 2 连接；食槽采用玻璃钢材质，强度高，耐冲击。食槽 2 底部的边角采用圆滑处理，使得食槽 2 底部无采食死角，避免饲料发霉变质，降低猪只生病概率，减少饲料浪费。控制器 4 固定在“日”字形框架 3 上部。

种猪性能测定站还包括读卡器和电子耳牌，读卡器设置于食槽 2 上，读卡器与控制器连接；电子耳牌由猪只佩戴，用于被读卡器识别并确定电子耳牌所在猪只的身份信息。当佩戴电子耳牌的生猪进入测定站采食时，测定站可以立即记录该猪的耳牌号码，并将采集到的相关重量信息记录下来。优选的，读卡器为 RFID 读写器，134.2 千赫兹，有效接收距离为 20~25 厘米。

另一方面，本研究还提出了一种种猪性能测定系统，包括：服务器以及至少一个如上述任意一个实施例的种猪性能测定站；种猪性能测定站通过控制器将种猪性能测定站采集到的信息发送给服务器；服务器接收、保存并分析信息，获得种猪性能测定的结果。其中，种猪性能测定站与服务器之间通过 WiFi 连接。

种猪性能测定，是从一个群体中识别出每个个体，并对个体进行测定和记录，根据测定结果按标准进行评估、分级和良种登记。测定系统中每个测定栏安装一台种猪性能测定站，每个种猪性能测定站可以饲养十几头测定猪。在一个具体的测定过程中，当佩戴电子耳牌的生猪进入测定站采食时，测定站可以立即记录该猪的耳牌号码，并记录该测定猪进入 / 退出测定站的时间和测定猪进入前 / 退出后料槽的重量，其中，料槽的重量差即为该测定猪此次的采食量，在测定猪采食的同时，测定猪站立于一个个体称重秤上，个体称重秤将记录该测定猪本次采食时的体重值。由于自由采食的缘故，每头测定猪每天将进入测定站进行采食 10 ~ 15 次，系统将每头测定猪每次的采食量自动累加成为每天的采食量记录，并从当日测定的体重值中取一个中间值作为该测定猪当天的体重，以此作为计算日增重和饲料报酬的数据基础。在猪只吃饲料的整个过程，测定站一直不停地在测量猪只的体重，每秒钟测量 10 次猪只体重数据。因为猪只是活体，测量的体重数据肯定存在差别。猪只吃料的过程有 2~10 分钟，在猪只吃料的过程中会产生大量的体重数据。之后采用去极值求平均算法对体重数据处理。作为一个具体的实施例，假设有 100 个数据，第一步是先对这些数据进行排序，从小到大或者是从大到小；第二步是对排好顺序的数值进行计算，对中间的 20 个数据进行累加，然后取平均值。如果猪只吃饲料过程的时间低于 1 分钟，则不对体重数据计算，不做体重的处理，默认为上次处理的数据。

之后，根据测量得到的体重数据进行处理，得到：日增重 = [具体某一天的猪只体重（设定为终重）– 具体某一天的猪只体重（始重）]/ 饲养天数。如以 2017 年 8 月 22 号为终重，终重数据为 47.15 千克。2017 年 7 月 21 号为始重，始重数据为 27 千克。则日增重 =（47150−27000）÷ 31=650（克）。饲料利用效率 = 整个阶段饲料的消耗量 / 整个阶段的体重增加量。例如猪只体重到 100 千克时在测定站上消耗的总饲料量为 256 千克。猪只进入测定站时的初始体重为 20 千克。饲料的利用率 =256 ÷（100−20）=3.2。再利用背膘测定设备得到猪只的背膘厚度。根据日增重、饲料利用效率、背膘厚度等进行计算，如日增重每上下浮动 10 克，加、减 1.6 分；饲料利用率每上下浮动 0.1，加、减 1.5 分；活体膘厚上下浮动 0.1cm，加、减 0.75 分，得到最终的测定分数，如表 1−3−1 所示。

表 1−3−1　种猪性能测定结果

项目	一级		二级		三级	
	测定值	分数	测定值	分数	测定值	分数
日增重（g）	650	54.0	600	46.0	500	38.0
饲料利用效率	3.2	18.0	3.4	15.0	3.6	12.0
活体膘厚（cm）	1.8	18.0	2.2	15.0	2.6	12.0
得分	90.0		76.0		62.0	

本研究种猪性能测定站及测定系统，按测定方案将种猪置于相对一致的标准环境条件下进行度量；当佩戴耳牌的猪只进入测定站采食时，通过饲喂称重装置获得该猪的采食量，通过体重称重装置获得猪只的体重变化，根据采集到的数据进行计算，得到测定结果，从而筛选出具有出色生产性能的测定猪，

进行遗传选育和种猪生产；体重秤采用杠杆结构，结构简单，使用方便。

本研究申请了国家专利保护，申请号为：2017 1 0797185 7

1.4 一种猪仔补奶机

1.4.1 技术领域

本研究涉及养殖设备技术领域，特别是指一种猪仔补奶机。

1.4.2 背景技术

目前，随着集约化规模化养殖业的发展，仔畜出生后能否足够规范哺乳与仔畜的成活率直接相关，也是养殖场养殖效益能否实现的关键因素。但是，在规模化标准化养殖场内，哺乳期羔羊、犊牛和猪仔等幼仔不可避免地都存在母乳不足、缺奶和断奶的情况，造成仔畜存活率低。中国每年出栏的商品猪数量在6亿头以上，猪仔出生后，母猪奶水量不足，奶水营养不够等问题严重影响猪仔的正常生长发育。为了提高猪仔的成活率，需要人工补饲外源奶，用于补充猪仔奶水和增加营养。但是现有的补奶机，或者是需要倒入已冲好的奶水或者是需要人工倒入奶粉，设备自动搅拌供猪仔补奶。这样无法做到定时定量为猪仔补奶，且奶水长时间未吃完将会变质影响口感甚至造成猪仔腹泻，影响猪仔生长发育。

因此，需要根据猪仔少食多餐的原则，定时定量为猪仔提供新鲜的营养奶水，满足猪仔生长发育的营养需求；或者是在母猪奶水不足或者奶水营养不足的情况下，完全或部分代替母猪对猪仔进行哺育。

1.4.3 解决方案

有鉴于此，本研究提出一种猪仔补奶机，该猪仔补奶机能够根据猪仔少食多餐的原则，定时定量为猪仔提供新鲜营养的奶水，饲养人员只需设定好每日喂奶次数和奶水浓度，设备即会自动运行，使用方便，降低饲养人员的劳动强度，节省人力成本。

本研究提出的猪仔补奶机，包括箱盖和箱体，箱盖位于箱体顶部；箱体第一侧壁外侧设有奶嘴；箱盖上方设有下料口、下料口盖板总成、料盒总成、料盒支架、电器舱，箱盖下方设有电磁阀，下料口盖板总成包括开闭电机、推杆、盖板、竖板，推杆与开闭电机相连，竖板设置于盖板临近开闭电机的一端，推杆与竖板螺纹连接，竖板两侧分别设有磁钢片以及与磁钢片配合使用的霍尔开关，盖板能够将下料口打开和闭合，开闭电机与电器舱相连，料盒支架设置于下料口盖板总成上方，料盒总成安装于料盒支架上，料盒总成能够通过下料口将奶粉投放进箱体内。

箱体内设置有第一隔板、第二隔板和第三隔板，第一隔板将箱体划分为第一空间和第二空间，第一空间为干燥桶，第二隔板和第三隔板将第二空间划分为搅拌桶和恒温桶，恒温桶、搅拌桶、干燥桶两两相邻，奶嘴通过奶管与搅拌桶相连，电磁阀朝向干燥桶内，下料口位于搅拌桶上方，电器舱位于干燥桶上方。

第一隔板正对搅拌桶的部分安装有搅拌电机、奶管支架、第一液位开关、第二液位开关、第一圆孔和第二圆孔，搅拌电机和第二液位开关分别位于第一隔板下端，奶管支架位于搅拌电机上方并高于第一液位开关，第一液位开关位于第二液位开关上方，第一圆孔和第二圆孔分别位于第一隔板上端并高于第一液位开关，箱体第一侧壁下端设有第一排水阀。

恒温桶为L型，第一隔板正对恒温桶的部分安装有第三液位开关、温度传感器、发热管和第三圆孔，温度传感器和发热管分别位于第一隔板的下端，第三液位开关位于第一隔板的上端，第三圆孔位于第一隔板的上端；第三隔板上设有第四圆孔和进水口，第四圆孔高于第一液位开关，箱体第二侧壁下端设有第二排水阀和第三排水阀。

干燥桶底部设有排水孔。

料盒总成包括料盒、齿轮、下料电机、转轴、联轴器、钢丝、绞龙轴、出料口，转轴安装在料盒内部，齿轮固定在转轴上，齿轮两侧的转轴上设有钢丝，下料电机设置于料盒外部，绞龙轴设置于料盒下端，绞龙轴一端通过联轴器与下料电机连接，另一端与出料口连接，绞龙轴与齿轮啮合，出料口位于下料口上方。

电器舱内设置有控制主板，控制主板通过控制线对猪仔补奶机进行控制。

箱盖上还设有观察窗，观察窗位于箱盖远离电器舱的一端。

综上可以看出，本研究提供的猪仔补奶机具有以下优点。

（1）本研究提供的猪仔补奶机，下料口盖板总成中磁钢片和霍尔开关配合使用控制盖板往复运动的距离，开闭电机的转动带动推杆的转动，推杆和竖板螺纹连接，因此推杆的转动带动竖板在沿推杆移动，竖板的移动带动盖板的移动，从而实现盖板的往复运动，将下料口打开或闭合。

（2）本研究提供的猪仔补奶机，料盒内的齿轮在绞龙轴的带动下，缓慢转动带动钢丝移动，防止奶粉结块；并且能够通过控制电机转动圈数，控制下料量。

（3）本研究提供的猪仔补奶机，搅拌桶内设置搅拌电机、第一液位开关、第二液位开关，搅拌电机可以搅动奶粉和水以使奶粉溶解，第二液位开关安装于第一隔板下端，能够判定搅拌桶内奶水是否还有剩余，第一液位开关用于限定搅拌桶中的最大奶水量，以防止奶水过多溢出搅拌桶造成奶水浪费。

（4）本研究提供的猪仔补奶机，恒温桶呈 L 型环绕搅拌桶，对搅拌桶中的奶水进行保温。

（5）本研究提供的猪仔补奶机，第一圆孔、第二圆孔、第四圆孔、奶管支架分别用于穿过或搭放奶管，并且第一圆孔、第二圆孔、第四圆孔以及奶管支架分别位于第一隔板、第三隔板的上端并高于第一液位开关，保证了奶管局部高于搅拌桶中的奶水最高液位，当没有猪仔吸奶时，奶水不会自动流入奶嘴而渗滴到地上，有效避免了奶水浪费。

（6）本研究提供的猪仔补奶机，能够根据猪仔少食多餐的原则，定时定量为猪仔提供新鲜营养的奶水，饲养人员只需设定好每日喂奶次数和奶水浓度，设备即会自动运行，使用方便，降低饲养人员的劳动强度、节省人力成本。

1.4.4 附图说明

具体结构和功能说明如下。

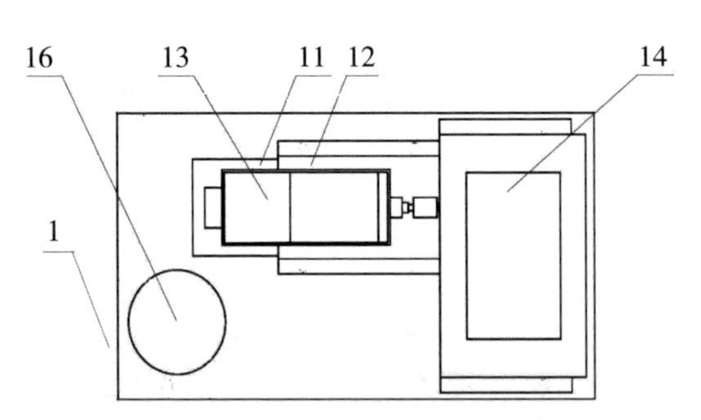

图 1-4-1 猪仔补奶机中箱盖的俯视图

1- 箱盖；11- 下料口盖板总成；12- 料盒支架；13- 料盒总成；14- 电器舱；16- 观察窗

本研究提供了一种猪仔补奶机，该猪仔补奶机包括箱盖和箱体，箱盖位于箱体顶部；箱体第一侧壁外侧设有奶嘴；箱盖上方设有下料口、下料口盖板总成、料盒总成、料盒支架、电器舱，箱盖下方设有电磁阀，下料口盖板总成包括开闭电机、推杆、盖板、竖板，推杆与开闭电机相连，竖板设置于盖板临近开闭电机的一端，推杆与竖板螺纹连接，竖板两侧分别设有磁钢片以及与磁钢片配合使用的霍尔开关，盖板能够将下料口打开和闭合，开闭电机与电器舱相连，料盒支架设置于下料口盖板总成上方，料盒总成安装于料盒支架上，料盒总成能够通过下料口将奶粉投放进箱体内。

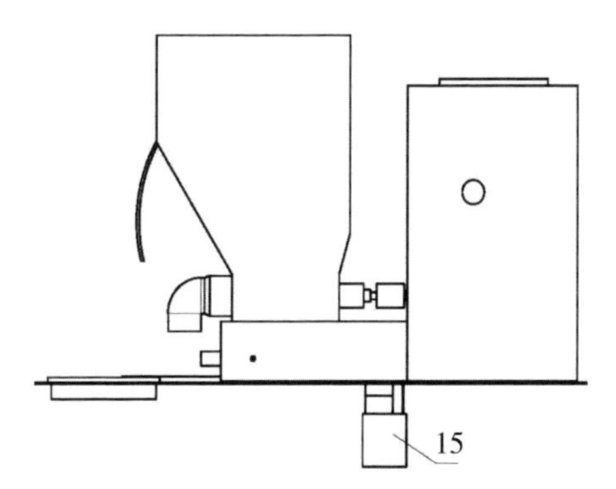

图 1-4-2 猪仔补奶机中箱盖的主视图

15- 电磁阀

如图 1-4-1、图 1-4-2、图 1-4-3 和图 1-4-4 所示，猪仔补奶机包括箱盖 1 和箱体 2，箱盖 1 位于箱体 2 顶部；箱体 2 第一侧壁外侧 21 设有奶嘴；箱盖 1 上方设有下料口、下料口盖板总成 11、料盒总成 13、料盒支架 12、电器舱 14，箱盖下方设有电磁阀 15；下料口盖板总成 11 包括开闭电机 111、

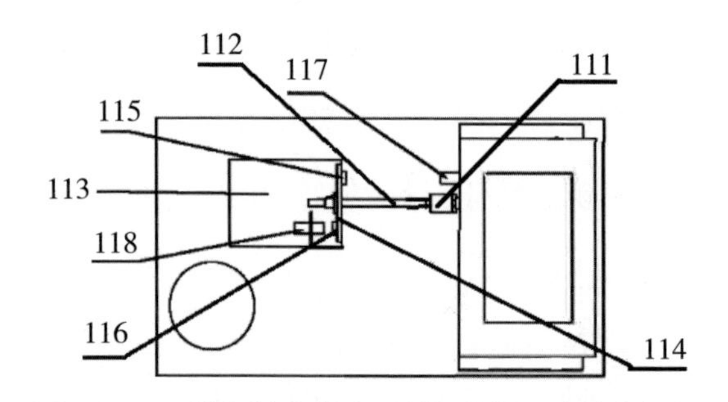

图 1-4-3　猪仔补奶机中下料口盖板总成的俯视图

111- 开闭电机；112- 推杆；113- 盖板；114- 竖板；115- 第一磁钢片；
116- 第二磁钢片；117- 第一霍尔开关；18- 第二霍尔开关

推杆 112、盖板 113、竖板 114，推杆 112 与开闭电机 111 相连，竖板 114 设置于盖板 113 临近开闭电机 111 的一端，推杆 112 与竖板 114 螺纹连接，竖板 114 两侧分别设有第一磁钢片 115 和第二磁钢片 116，以及分别与第一磁钢片 115 和第二磁钢片 115 配合使用的第一霍尔开关 117 和第二霍尔开关 118，盖板 113 能够将下料口打开和闭合，开闭电机 111 与电器舱 14 相连，料盒支架 12 设置于下料口盖板总成 11 上方，料盒

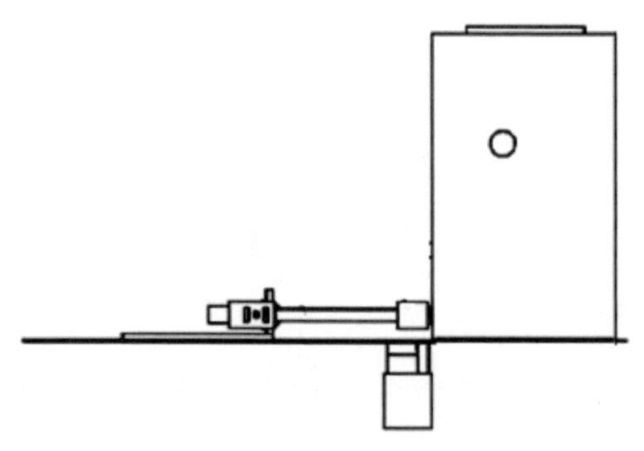

图 1-4-4　猪仔补奶机中下料口盖板总成的主视图

总成 13 安装于料盒支架 12 上，料盒总成 13 能够通过下料口将奶粉放进箱体 2 内。

箱体 2 第一侧壁外侧 21 设有奶嘴，优选地，箱体 2 第一侧壁外侧 21 设有 4 个奶嘴，分别为第一奶嘴、第二奶嘴、第三奶嘴、第四奶嘴，便于多只猪仔同时吸食奶水。箱盖 1 上方设有下料口，用于向箱体 2 内投放奶粉。

下料口盖板总成 11 包括开闭电机 111、推杆 112、盖板 113、竖板 114，推杆 112 与开闭电机 111 相连，开闭电机 111 的转动带动推杆 112 的转动；由于推杆 112 与竖板 114 螺纹连接，推杆 112 的转动带动竖板 114 沿推杆 112 移动；由于竖板 114 设置与盖板 113 临近开闭电机 111 的一端，竖板 114 沿推杆 112 的移动能够带动盖板随着竖板 113 移动；由于竖板 114 的两侧分别设有第一磁钢片 115 和第二磁钢片 116，以及分别与第一磁钢片 115 和第二磁钢片 116 配合使用的第一霍尔开关 117 和第二霍尔开关 118，第一磁钢片 115 和第一霍尔开关 117 的配合使用可以促使竖板 114 向靠近开闭电机 111 的方向移动，第二磁钢片 116 和第二霍尔开关 118 的配合使用可以促使竖板 114 朝向远离开闭电机 111 的方向移动，从而实现竖板 114 带动盖板 113 往复运动，从而盖板 113 将下料口打开或闭合，当下料口打开时，通过下料口向箱体 2 内投放奶粉。

开闭电机 111 与电器舱 14 相连，电器舱 14 通过线路控制开闭电机 111 的转动和停止。料盒总成 13 安装于料盒支架 12

上，料盒总成 13 能够快速取下，便于装料。当箱体内奶水不足时，料盒总成 13 能够通过下料口将奶粉放进箱体 2 内，以补足奶水。

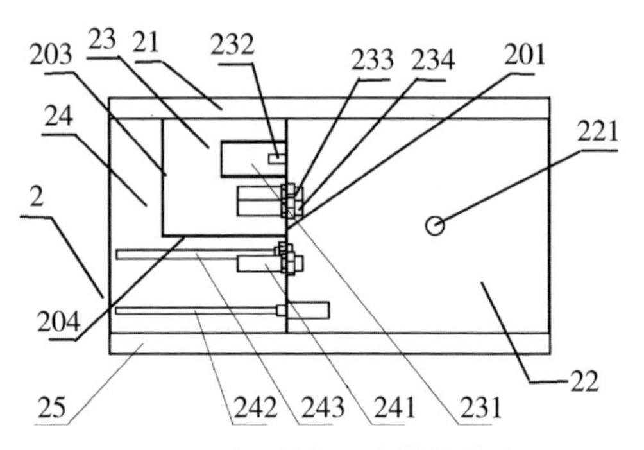

图 1-4-5　猪仔补奶机中箱体的俯视图

2- 箱体；21- 第一侧壁外侧；22- 干燥桶；23- 搅拌桶；24- 恒温桶；25- 第二侧壁；201- 第一隔板；203- 第三隔板；204- 第四隔板；221- 排水孔；231- 搅拌电机；232- 奶管支架；233- 第一液位开关；234- 第二液位开关；241- 第三液位开关；242- 温度传感器；243- 发热管

如图 1-4-5 所示，优选的，箱体 2 内设置有第一隔板 201、第二隔板 202 和第三隔板 203，第一隔板 201 将箱体 2 划分为第一空间和第二空间，第一空间为干燥桶 22，第二隔板 202 和第三隔板 203 将第二空间划分为搅拌桶 23 和恒温桶 24，恒温桶 24、搅拌桶 23、干燥桶 22 两两相邻，第一奶嘴、第二奶嘴、第三奶嘴、第四奶嘴分别通过第一奶管、第二奶管、第三奶管、第四奶管与搅拌桶 23 相连，电磁阀 15 朝向干燥桶 22 内，下料口位于搅拌桶 23 上方，电器舱 14 位于干燥桶 22 上方。

恒温桶 24、搅拌桶 23、干燥桶 22 两两相邻并形成一个整体，简化了制备工艺并便于使用，节约空间。第一奶嘴、第二奶嘴、第三奶嘴、第四奶嘴分别通过第一奶管、第二奶管、第三奶管、第四奶管与搅拌桶 23 相连，当猪仔吸食奶嘴时，搅拌桶 23 中制备好的奶水通过奶管输送至奶嘴，便于猪仔食用。电磁阀 15 朝向干燥桶 22 内，避免了电磁阀 15 与液体接触而产生漏电现象；电磁阀 15 与外界水源连接，控制外界水源的进入。下料口位于搅拌桶 23 上方，料盒总成 13 通过下料口将奶粉放进搅拌桶 23 内，搅拌桶 23 内的水喝奶粉混合形成奶水以供猪仔食用。

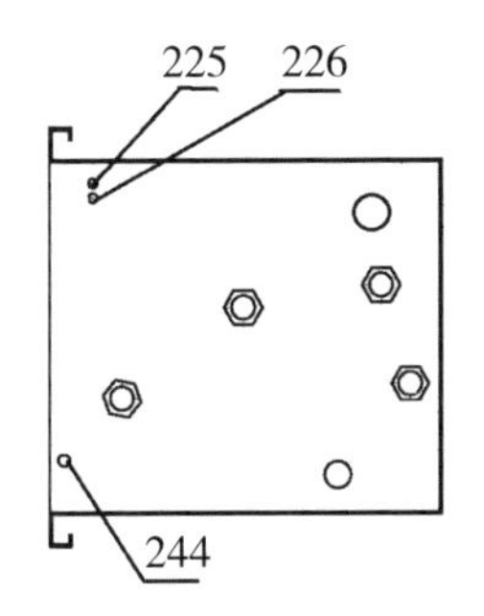

图 1-4-6　猪仔补奶机中第一隔板结构示意图

225- 第一圆孔；226- 第二圆孔；244- 第三圆孔

如图 1-4-5 和图 1-4-6 所示，可能的，第一隔板 201 正对搅拌桶 23 的部分安装有搅拌电机 231、奶管支架 232、第一液位开关 233、第二液位开关 234、第一圆孔 235 和第二圆孔 236，搅拌电机 231 和第二液位开关 234 分别位于第一隔板

201 下端，奶管支架 232 位于搅拌电机 231 上方并高于第一液位开关 233，第一液位开关 233 位于第二液位开关 234 上方，第一圆孔 235 和第二圆孔 236 分别位于第一隔板 201 上端并高于第一液位开关 233，箱体 1 第一侧壁 21 下端设有第一排水阀。

搅拌电机 231 位于第一隔板 201 下端，便于充分搅拌搅拌桶 23 中的奶粉和水形成均匀的奶水。第二液位开关 234 位于第一隔板 201 下端，便于判定搅拌桶 23 内奶水是否还有剩余，当搅拌桶 23 中的奶水低于第二液位开关 234 时。第一液位开关 233 位于第一隔板 201 上端，便于限定搅拌桶 23 中的最大奶水量，以防止奶水过多溢出搅拌桶造成浪费并进入干燥桶 22 内。奶管支架 232 位于搅拌电机 231 上方并高于第一液位开关 233，奶管支架 232 用于搭放第三奶管，第三奶管一端浸入搅拌桶 23 内的奶水内，另一端与搅拌桶 23 外部的第三奶嘴相连，由于奶管支架 232 高于搅拌桶 23 内的奶水，因此第三奶管局部高于搅拌桶 23 中奶水最高液位，当没有猪仔吸奶时，奶水不会自动流入奶嘴而渗滴到地上，有效避免了奶水浪费。第一圆孔 235 和第二圆孔 236 高于第一液位开关 233，第一圆孔 235 和第二圆孔 236 分别用于穿过第一奶管和第二奶管，第一奶管和第二奶管的一端分别浸入搅拌桶 23 的奶水中，另一端分别与干燥桶 22 外部的第一奶嘴和第二奶嘴相连，由于第一圆孔 235 和第二圆孔 236 分别高于搅拌桶 23 内的奶水，因此第一奶管和第二奶管局部高于搅拌桶 23 中奶水最高液位，当没有猪仔吸奶时，奶水不会自动流入奶嘴而渗滴到地上，有效避免了奶水浪费。箱体 1 第一侧壁 21 下端设有第一排水阀，第一排水阀设置于搅拌桶 23 的外部，第一排水阀用于排尽搅拌桶 23 中的液体。

如图 1-4-5 和图 1-4-6 所示，较佳的，恒温桶 24 为 L 型，第一隔板 201 正对恒温桶 24 的部分安装有第三液位开关 241、温度传感器 242、发热管 243 和第三圆孔 244，温度传感器 242 和发热管 243 分别位于第一隔板 201 的下端，第三液位开关 241 位于第一隔板 201 的上端，第三圆孔 244 位于第一隔板 201 的上端；第三隔板 203 上设有第四圆孔和进水口，第四圆孔高于第一液位开关 233，箱体 2 第二侧壁 25 下端设有第二排水阀和第三排水阀。

恒温桶 24 为“L”形环绕搅拌桶 23，便于对搅拌桶 23 中的奶水进行保温。第三液位开关 241 位于第一隔板 201 的上端，用于限定恒温桶 24 中的水量。温度传感器 242 位于第一隔板 201 的下端，便于测定恒温桶 24 内的水温。发热管 243 位于第一隔板 201 的下端，便于对恒温桶 24 内的水进行加热保温。第三圆孔 244 用于穿过进水管，进水管一端与电磁阀 15 连接，另一端浸入恒温桶 24 内，电磁阀 15 与外界水源连接，外界水源通过电磁阀 15 进入进水管，然后经由进水管向恒温桶中加水。第三隔板 203 上设有第四圆孔并且第四圆孔高于第一液位开关233，第四圆孔用于穿过第四奶管，第四奶管一端浸入搅拌桶23的奶水中，另一端与恒温桶24外部的第四奶嘴相连，第四圆孔高于搅拌桶23内的奶水，因此第四奶管局部高于搅拌桶23中奶水最高液位，当没有猪仔吸奶时，奶水不会自动流入奶嘴而渗滴到地上，有效避免了奶水浪费。第三隔板203上设有进水口，进水口高于第一液位开关233，并且进水口略高于第三液位开关241，当搅拌桶23内奶水不足时，恒温桶24内的温水经由进水口进入搅拌桶23内，并且搅拌桶23内的奶水不会经由进水口进入恒温桶24内。箱体2第二侧壁25下端设有第二排水阀和第三排水阀，第二排水阀和第三排水阀用于排出恒温桶24内的水。

如图1-4-5所示，进一步地，干燥桶22底部设有排水孔221。干燥筒内用于布置猪仔补奶机中的电源线、数据线，由于干燥桶22内不含有液体，避免了水中漏电的危险，提高了设备安全性；当搅拌桶23和恒温桶24内的液体进入干燥桶22内，能够及时通过排水孔221排掉，避免发生漏电现象线。

如图1-4-7与图1-4-8所示，更进一步地，料盒总成13包括料盒131、齿轮132、下料电机133、转轴134、联轴器135、钢丝136、绞龙轴137、出料口138，转轴134安装在料盒131内部，齿轮132固定在转轴134上，齿轮132两侧的转轴134上设有钢丝136，下料电机133设置于料盒131外部，绞龙轴137设置于料盒131下端，绞龙轴137一端通过联轴器

135 与下料电机 133 连接，另一端与出料口 138 连接，绞龙轴 137 与齿轮 132 啮合，出料口 138 位于下料口上方。

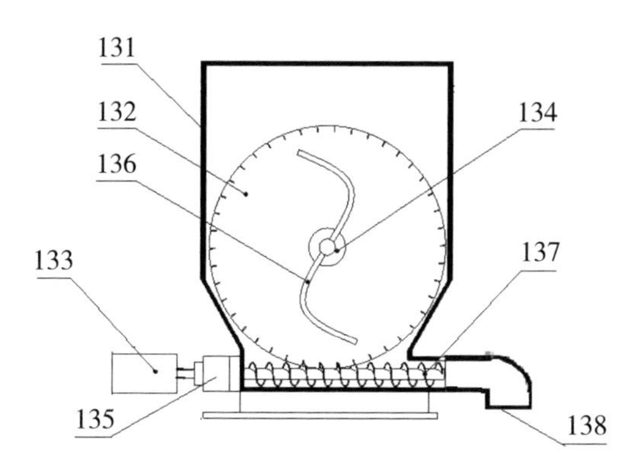

图 1-4-7　猪仔补奶机中料盒总成结构示意图

131- 料盒；132- 齿轮；133- 下料电机；134- 转轴；135- 联轴器；136- 钢丝；137- 绞龙轴；138- 出料口

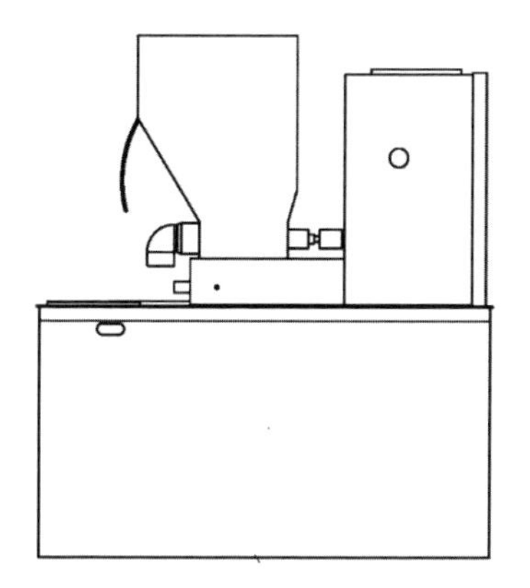

图 1-4-8　猪仔补奶机的主视图

下料电机与电器舱 14 相连，下料电机 133 的转动带动绞龙轴 137 的转动，由于绞龙轴 137 与齿轮 132 啮合，绞龙轴

137 的转动带动齿轮 132 的转动，由于齿轮 132 固定在转轴 134 上，齿轮 132 的转动带动转轴 134 的转动，转轴 134 的转动带动钢丝 136 的转动，钢丝 136 翻动料盒 131 内的奶粉，并推动奶粉进入出料口 138。出料口 138 位于下料口上方，便于奶粉通过下料口进入搅拌桶 23 内。

在本研究的一个实施例中，电器舱 14 内设置有控制主板，控制主板通过控制线对猪仔补奶机进行控制。控制主板可以设定喂奶间隔、奶水浓度及恒温桶 24 的恒定温度，控制主板分别通过开闭电机控制线、下料电机控制线、搅拌电机控制线、第一液位开关控制线、第二液位开关控制线、第三液位开关控制线、电磁阀控制线、温度传感器控制线、加热管控制线控制开闭电机 111、下料电机 133、搅拌电机 231、温度传感器 242、加热管 243 的启动动或停止，以及第一液位开关 233、第二液位开关 234、第三液位开关 241、电磁阀 15 的打开或闭合。搅拌电机控制线、第一液位开关控制线、第二液位开关控制线、第三液位开关控制线、电磁阀控制线、温度传感器控制线、加热管控制线分别经过经由干燥桶 22 与搅拌电机 231、第一液位开关 233、第二液位开关 234、第三液位开关 241、电磁阀 15、温度传感器 242、加热管 243 相连，有效避免了水中漏电的现象。

在本研究的另一个实施例中，箱盖 1 上还设有观察窗 16，观察窗 16 位于箱盖 1 远离电器舱 14 的一端，观察窗 16 便于工作人员观察箱体 2 中的情况，及时发现运转过程中的问题。

具体地，使用猪仔补奶机对猪仔进行哺乳时，开机、设定奶粉浓度和喂奶间隔，控制主板控制电磁阀 15 打开，外界水源经由电磁阀 15 和进水管进入恒温桶 24 内，当恒温桶 24 内的水达到第三液位开关 241 时，停止进水，并通过控制主板启动发热管 243 对恒温桶 24 内的水进行加热至设定温度；然后控制主板通过控制开闭电机 111 打开下料口，同时控制主板通过控制下料电机 133 转动，经由下料口加料至搅拌桶 23 内；然后打开电磁阀 15，继续对恒温桶 24 内加水，恒温桶 24 内的水经由进水口进入搅拌桶 23 内，控制主板通过启动搅拌电机 231，将奶粉和水搅拌成奶水，喂食。进行第二次喂食时，首先判定搅拌桶 24 内的奶水是否充足，如果搅拌桶 23 内的奶水低于第二液位开关 234 时，重复上述过程。如果恒温桶 24 内的水低于设定温度时，启动发热管 243 对恒温桶 24 内的水进行加热保温。

本研究申请了国家专利保护，申请号为：2017 1 0916367 1

1.5 一种仔猪下料装置

1.5.1 技术领域

本研究涉及畜牧养殖设备技术领域，特别是指一种仔猪下料装置。

1.5.2 背景技术

“仔猪”指从出生到成长至30千克左右的小猪。在仔猪断奶后，通过一些人工诱导的方法可以促使仔猪对饲料产生采食欲望。采食饲料随日龄的增加而逐渐增多，一般到了35日龄左右便会出现贪食、抢食的现象而进入旺食期。至60日龄时，体重可增加1倍，每天增重可达0.5千克以上。因此，做好仔猪旺食期的饲养，促使仔猪快速增重，可促进生猪提前出栏，从而提高养猪效益。

仔猪在旺食期需要稳定的饲料供给，以保证其采食数量。为了保证饲喂质量，现有技术通常由工作人员人工进行拌料、投喂。但由于仔猪进食欲望强烈，虽然在一天中存在集中进食的区间，但在其他时段仍然需要定时投放饲料，工作人员一天要进行多次的拌料、投喂，负担较重。

1.5.3 解决方案

有鉴于此，本研究提出一种仔猪下料装置，用以实现仔猪饲料的自动拌料和投喂。

本研究提出的一种仔猪饲喂下料装置，包括：主支架，用于为装置其他部分结构提供良好支撑；料筒，通过料筒支架设置于主支架中部，料筒两侧还通过辅助支架连接至主支架；料筒底部开放，设置有料筒下开口；内套筒，中空且上表面封闭、下表面开放，设置于料筒下开口下方；外套筒，中空且上下表面均开放，套装于内套筒外部，与内套筒之间留有供饲料漏下的空隙；分料机构，设置于内套筒上表面与料筒下开口之间；当分料机构启动时，带动料筒下开口处饲料移动，从内套筒与外套筒之间的空隙漏下；注水机构，设置于内套筒内，启动时朝向下方注水；料槽，设置于主支架下部，位于内套筒和外套筒下方。

其中，分料机构包括电机、传动轴和分料桨叶；电机设置于主支架上部，分料桨叶设置于料筒下开口与内套筒上表面之间，电机通过传动轴连接至分料桨叶并能够带动分料桨叶转动。

分料桨叶上设置有至少 4 个独立桨叶，独立桨叶关于分料桨叶中轴圆周对称分布。

注水机构包括水管和出水口；水管的一端连接至外部供水设备，另一端连接至出水口，出水口设置于内套筒内；当供水设备供水时，出水口朝向下方出水。

出水口为增压喷头。

料槽的主体为底部水平的盆体；料槽中部设置有朝向上方凸起的分料凸台。

从上面可以看出，本研究提出的一种仔猪饲喂下料装置通过将干燥饲料与混合用水分离，采用分料机构自动将干燥饲料分入料槽内，通过自动注水进行混合，从而实现了拌料、投喂的自动化。与现有技术相比，可以有效减少人员劳动量，保证饲料新鲜度，提高饲喂效率和质量。

1.5.4 附图说明

具体结构和功能说明如下。

图 1-5-1 为本研究提供的一种仔猪饲喂下料装置的立体示意图；图 1-5-2 为本研究提供的一种仔猪饲喂下料装置的俯视图；图 1-5-3 为本研究提供的一种仔猪饲喂下料装置的主视剖视图。

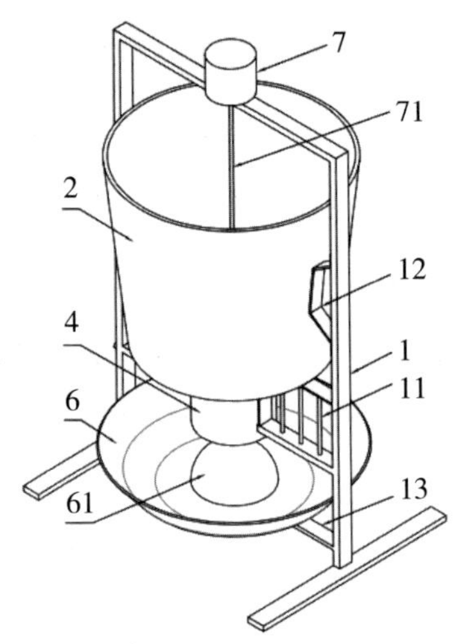

图 1-5-1 一种仔猪饲喂下料装置的立体示意图

1- 主支架；2- 料筒；4- 外套筒；6- 料槽；7- 电机；11- 料筒支架；12- 辅助支架；13- 托盘支架；61- 分料凸台；71- 传动轴

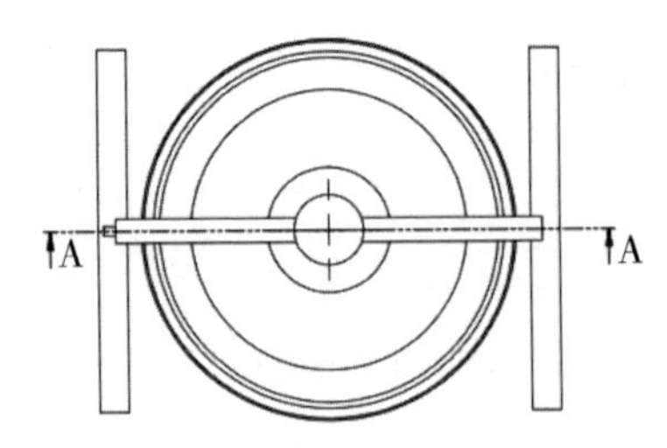

图 1-5-2 一种仔猪饲喂下料装置的俯视图

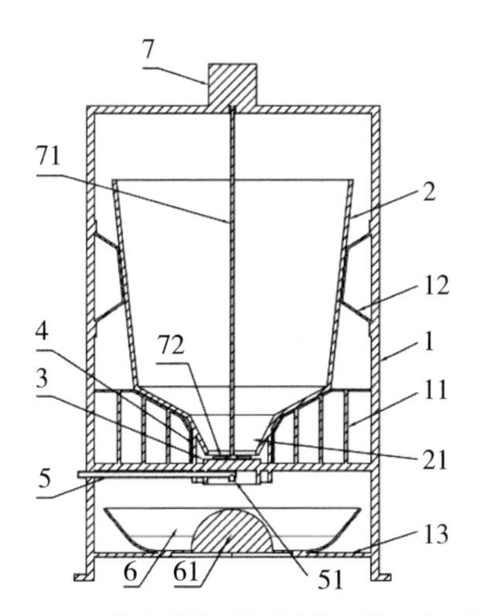

图 1-5-3 一种仔猪饲喂下料装置的主视剖视图

1- 主支架；2- 料筒；3- 内套筒；4- 外套筒；5- 水管；6- 料槽；7- 电机；
11- 料筒支架；12- 辅助支架；13- 托盘支架；21- 料筒下开口；51- 出水口；
61- 分料凸台；71- 传动轴；72- 分料桨叶

如图所示，本研究的一种仔猪饲喂下料装置，包括：

主支架 1，用于为装置其他部分结构提供良好支撑。主支架 1 的细部结构和具体材料并不需要限定，为了节约成本，使用角钢等材料制作也完全可行。需要注意的是，主支架 1 以及装置其他暴露部分的棱角需要进行倒角、打磨或包覆处理，以防止仔猪抢食时受伤。

料筒 2，通过料筒支架 11 设置于主支架 1 中部，料筒 2 两侧还通过辅助支架 12 连接至主支架 1；料筒 2 底部开放，设置有料筒下开口 21。料筒支架 11 主要用于承受料筒 2 及其内部饲料的重量，辅助支架 12 则用于辅助维持料筒 2 竖直。

内套筒 3，中空且上表面封闭、下表面开放，设置于料筒下开口 21 下方。内套筒 3 与料筒下开口 21 之前的距离不宜过大，此处预留空间是用于下料以及设置分料机构的，应当达到的效果是，当分料机构启动时，饲料可以被带动而流下；当分料机构停止时，饲料在相互之间的摩擦力等的作用下停止流下，而距离过大则会导致饲料不受限制地流动，影响阻料效果。

外套筒 4，中空且上下表面均开放，套装于内套筒 3 外部，与内套筒 3 之间留有供饲料漏下的空隙。由于分料机构需要通过转动等形式带动饲料流下，为了防止因分料机构驱动过于猛烈导致部分饲料飞溅出料槽外部，因此设置了外套筒 4，对飞溅饲料进行阻挡。

分料机构，设置于内套筒 3 上表面与料筒下开口 21 之间；当分料机构启动时，带动料筒下开口 21 处饲料移动，从内套筒 3 与外套筒 4 之间的空隙漏下。分料机构一方面用于打散料筒下开口 21 附近的饲料，另一方面用于将饲料扫动至内套筒 3 上表面边缘处，促进饲料流下。

注水机构，设置于内套筒 3 内，启动时朝向下方注水，水与干燥饲料混合成为便于仔猪食用的粥样饲料。

料槽 6，设置于主支架 1 下部，位于内套筒 3 和外套筒 4 下方。用于承接干燥饲料，提供饲料与水的混合空间。

本研究提供的一种仔猪饲喂下料装置通过将干燥饲料与混

合用水分离，采用分料机构自动将干燥饲料分入料槽内，通过自动注水进行混合，从而实现了拌料、投喂的自动化。与现有技术相比，可以有效减少人员劳动量，保证饲料新鲜度，提高饲喂效率和质量。

在一些可选的实施例中，参考附图 1–5–3，分料机构包括电机 7、传动轴 71 和分料桨叶 72；电机 7 设置于主支架 1 上部，分料桨叶 72 设置于料筒下开口 21 与内套筒 3 上表面之间，电机 7 通过传动轴 71 连接至分料桨叶 72 并能够带动分料桨叶 72 转动。

本实施例中进一步说明了分料机构的具体结构。本实施例采用了桨叶式结构，实现饲料的打散和推动；当分料桨叶 72 转动时，带动各独立桨叶空隙内的饲料朝向外部移动，此部分饲料漏下后，上方饲料下移补充，周而复始即可实现饲料的自动投放。特别的，此种投料方式的下料速度非常均衡可控，可以通过控制分料桨叶 72 的转动时间，对于投料量进行较为精确的控制，从而达到定量下料的效果。其中电机 7 可以通过远程控制进行开关，配合同时地自动注水设备，实现远程投料；配合自动控制设备和定时机构，则可以实现定时、定量、自动投料。

在一些较佳的实施例中，分料桨叶 72 上设置有至少 4 个独立桨叶，独立桨叶关于分料桨叶 72 中轴圆周对称分布。独立桨叶数量过多，则会导致料筒下开口 21 处过于封闭，下料速度慢；而独立桨叶数量过少，则会导致转动时较为吃力，下料速度不均，难以控制。较为优良的选择是设置4~6个独立桨叶，且独立桨叶的总面积与独立桨叶之间空隙的总面积的比值约为1∶1，则可以在出料速度与可控度之间达到良好的平衡。

在一些可选的实施例中，注水机构包括水管5和出水口51；水管5的一端连接至外部供水设备，另一端连接至出水口51，出水口51设置于内套筒3内；当供水设备供水时，出水口51朝向下方出水。较佳的，出水口51为增压喷头。

将出水口51隐藏在内套筒3中，可以避免出水口51与干燥饲料的直接接触，防止饲料碎末在出水口51处溶解、结块，堵塞出水口51。增压喷头可以提高水流与干燥饲料的混合效率，有益于仔猪进食。

可选的，料槽6的主体为底部水平的盆体；料槽中部6设置有朝向上方凸起的分料凸台61。饲料下落至分料凸台61上之后，会自动分散至料槽6一周各处，仔猪在进食时不必进行过于激烈地抢食即可充分食用到饲料。

本研究申请了国家专利保护，获得的专利授权号为：ZL 2016 2 1407565 2

1.6 一种母猪固定饲喂栏

1.6.1 技术领域

本研究涉及畜牧养殖设备技术领域，特别是指一种母猪固定饲喂栏。

1.6.2 背景技术

现代畜牧产业中，养殖妊娠母猪一般采用限位饲养，每一头母猪单独隔离限位，根据母猪膘情供给不同重量饲料，有助于保持母猪体重、保证仔猪健康。但是现有的母猪固定饲喂栏在设计上存在一定问题，通常结构较为笨重，难以搬运；而结构较为轻便的饲喂栏则不够坚固，难以满足饲喂需要。另一方面，现有的母猪固定饲喂栏缺少配套的下料管线，通常需要人工投喂饲料，而增设下料管线不但容易影响现有饲喂栏设计，还难以保证一体性，在清洁和管理上很不便利。

1.6.3 解决方案

有鉴于此，本研究提出一种母猪固定饲喂栏，在轻便的前提下，保证结构坚固程度。

基于上述目的本研究提供的一种母猪固定饲喂栏，包括侧栏体、顶部水平固定栏、下料导管、前栏门和后栏门；侧栏体至少包括两个，平行设置；侧栏体前部设置有前固定栏，后部设置有后固定栏，前固定栏与后固定栏之间由多个连接杆相互连接；下料导管中空，其下端朝向侧栏体侧面弯曲，下料导管设置于侧栏体前端，相邻两个下料导管之间设置有前栏门；后栏门设置于侧栏体后部，位于两个侧栏体之间。

设备还包括中固定栏，中固定栏设置于前固定栏和后固定栏之间；连接杆的前端与前固定栏相固定，连接杆的后端与后固定栏相固定，中固定栏上设置有与连接杆相配合的通孔，连接杆穿过中固定栏上的通孔，被中固定栏限位。

设备还包括第一顶部固定杆和第二顶部固定杆；后固定栏低于前固定栏；第一顶部固定杆连接前固定栏顶端与中固定栏顶端；第二顶部固定杆连接中固定栏上部与后固定栏顶端。

设备还包括斜连杆，斜连杆连接中固定栏顶端与第二顶部固定杆中部。

设备还包括顶部水平固定杆，顶部水平固定杆连接相邻两侧栏体的第一顶部固定杆和/或第二顶部固定杆。

前固定栏和后固定栏底部设置有固定座，用于与地面相固定。

从上面可以看出，本研究提供的一种母猪固定饲喂栏，在主体结构上采用了模块化的设计，不但便于组装、简单轻便，又通过多方面的加固提高了结构强度；通过设置下料导管，为饲料投喂提供了方便，同时巧妙地将下料导管与饲喂栏结构相结合，降低了结构复杂度，便于管理和清洁。

1.6.4 附图说明

具体结构和功能说明如下。

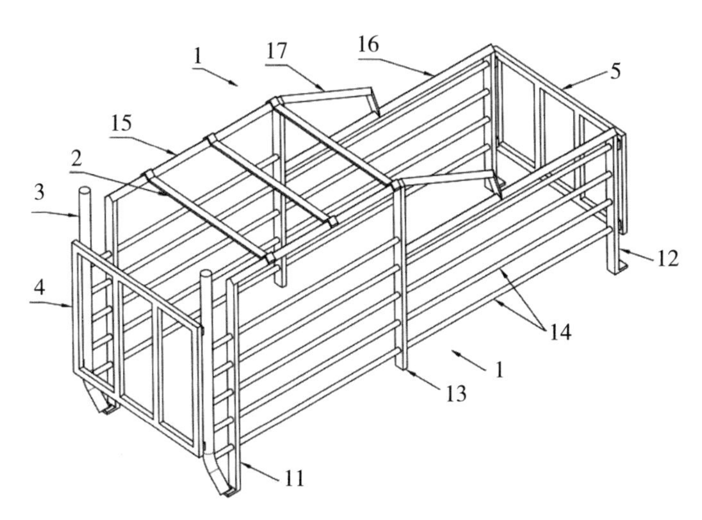

图 1-6-1 一种母猪固定饲喂栏的立体结构示意图

1- 侧栏体；2- 顶部水平固定栏；3- 下料导管；4- 前栏门；5- 后栏门；
11- 前固定栏；12- 后固定栏；13- 中固定栏；14- 连接杆；15- 第一顶部固定杆；
16- 第二顶部固定杆；17- 斜连杆

图 1-6-1 为本研究提出的一种母猪固定饲喂栏的实施例的立体结构示意图。如图所示，本研究提出的一种母猪固定饲喂栏，包括侧栏体 1、顶部水平固定栏 2、下料导管 3、前栏门 4 和后栏门 5；侧栏体 1 至少包括两个，平行设置；侧栏体 1 前部设置有前固定栏 11，后部设置有后固定栏 12，前固定栏 11 与后固定栏 12 之间由多个连接杆 14 相互连接；下料导管 3 中空，其下端朝向侧栏体 1 侧面弯曲，下料导管 3 设置于

侧栏体 1 前端，相邻两个下料导管 3 之间设置有前栏门 4；后栏门 5 设置于侧栏体 1 后部，位于 2 个侧栏体 1 之间。

在一些可选的实施方式中，还包括中固定栏 13，中固定栏 13 设置于前固定栏 11 和后固定栏 12 之间；连接杆 14 的前端与前固定栏 11 相固定，连接杆 14 的后端与后固定栏 12 相固定，中固定栏 13 上设置有与连接杆 14 相配合的通孔，连接杆 14 穿过中固定栏 13 上的通孔，被中固定栏 13 限位。区别于现有技术常采用的多段式焊接连接，本实施例中的固定饲喂栏采用了一体的连接杆 14，并通过中固定栏 13 进行限位，保证连接杆 14 位于同一平面上，增强牢固程度；这样就从根本上避免了因虚焊导致的结构强度差等问题。

在一些可选的实施方式中，还包括第一顶部固定杆 15 和第二顶部固定杆 16；后固定栏 12 低于前固定栏 11；第一顶部固定杆 15 连接前固定栏 11 顶端与中固定栏 13 顶端；第二顶部固定杆 16 连接中固定栏 13 上部与后固定栏 12 顶端。

在一些可选的实施方式中，还包括斜连杆 17，斜连杆 17 连接中固定栏 13 顶端与第二顶部固定杆 16 中部。斜连杆 17 用于进一步加强饲喂栏的一体性，提升其结构强度。

在一些可选的实施方式中，还包括顶部水平固定杆 2，顶部水平固定杆 2 连接相邻两侧栏体 1 的第一顶部固定杆 15 和/或第二顶部固定杆 16。为了防止侧栏体 1 歪斜，在相邻的侧栏体 1 之间采用顶部水平固定栏 2 相互连接，保证其一体性。

当多个侧栏体 1 并列平行设置时，顶部水平固定杆 2 则可以保证全部饲喂栏单元的整体性，便于大规模设置。

在一些可选的实施方式中，前固定栏 11 和后固定栏 12 底部设置有固定座，用于与地面相固定。

从上面可以看出，本研究提供的一种母猪固定饲喂栏，在主体结构上采用了模块化的设计，不但便于组装、简单轻便，又通过多方面的加固提高了结构强度；通过设置下料导管，为饲料投喂提供了方便，同时巧妙地将下料导管与饲喂栏结构相结合，降低了结构复杂度，便于管理和清洁。

本研究申请了国家专利保护，获得的专利授权号为：ZL 2016 2 1404426 0

1.7　一种母猪产床笼

1.7.1　技术领域

本研究涉及畜牧养殖专用设备技术领域，特别是指一种母猪产床笼。

1.7.2　背景技术

目前，养猪业仍然是我国畜牧业中的主导产业，猪肉在居民肉类消费结构中仍然占据主导地位。而随着经济的发展和人民生活、消费水平的不断提高，人们对健康长寿的追求也日益增加。因此，无公害、安全、绿色食品在市场上的需求量逐年上升。由此，导致养猪业的发展相对迅速，专门用于养猪的设备也越来越多，养猪管理手段也越来越科学化。走集约化、小区化、科学化发展道路，可促进养猪业持续健康发展。通常在母猪分娩后，同仔猪一起饲养期间，经常会发生母猪压死、压残小仔猪的情况，导致小猪仔的成活率大大降低。

母猪产床是一种专门用于母猪生产以及猪仔断奶前母猪使用母乳喂养猪仔时供母猪与猪仔生活的设备。由于母猪生产时身体受到巨大的创伤，生产后的身体恢复期时常会有剧烈的疼痛感，然后会习惯性且动作猛烈地躺倒在产床上。由于母猪躺倒的动作迅猛，而刚出生的小猪仔还不能很好地适应母猪的生活习惯，因此母猪在躺倒时时常会压倒刚出生的小猪仔，并造成小猪仔的伤亡。

现有畜牧业中用于牲畜产子时用的产床大多都是传统性的栏舍或用栏阻件围成的围栏框。这些牲畜产床在使用中存在的不足是：

① 母猪与猪仔在同一个活动区域内，不能将母猪与猪仔的活动区域分离，导致容易发生踩踏或者碾压事故；

② 需要人工照料的程序，当将猪仔与母猪分离时，需要人工操作才能使得猪仔与母猪在同一地区完成进食；

③ 产床不易清洗，容易滋生细菌。

1.7.3 解决方案

有鉴于此，本研究提出一种母猪产床笼，能够在将母猪与猪仔隔离的同时，又能够实现猪仔的自动进食，大大降低猪仔被踩、压的概率。

基于上述目的本研究提出的一种母猪产床笼，包括：前门、后门、两组围栏和自动喂食机构；前门、后门和两组围栏相互连接形成四周封闭的笼状结构，自动喂食机构包括对称设置于两组围栏下方的压杆、挡板、转轴以及设置于前端或后端的传动机构；压杆与挡板均固定于转轴上，且压杆与挡板形成一定夹角，使压杆位于围栏内侧；转轴与围栏为转动连接，且两侧的转轴通过传动机构进行同步反向的转动。

传动机构为相互啮合的两个齿轮，且两个齿轮的中心具有传动轴，转轴通过传送带或者链条连接到两个齿轮的传动轴上。

压杆为均布设置的杆状结构，且压杆与挡板相互垂直。

设备还包括引导杆，引导杆对称设置于两组围栏的内侧，且引导杆与围栏为转动连接。

引导杆的宽度大于引导杆与围栏转动连接位置的高度。

引导杆的转动连接位置设置有缓冲弹簧结构。

后门的一端与一侧的围栏转动连接，后门的另一端设置有连接杆，连接杆上设置有系列的连接孔，连接杆通过连接孔与另一侧的围栏连接。

前门的下方还设置有转动连接的食槽，食槽的下端与前门下方的横杆转动连接。

食槽 7 的下方设置有限位结构，能够限制食槽 7 转动的角度。

从上面可以看出，本研究提出的母猪产床笼通过在两侧的围栏下方设置的自动喂食机构，使得只有在母猪躺下的时候才能够打开围栏的下侧通道，进而使得只有母猪躺下了猪仔才能够进食，一方面保证母猪在站立的时候与猪仔是处于分隔状态，因而不会导致母猪对猪仔的踩踏和碾压；另一方面又使得母猪躺下后猪仔能够自由的进食。母猪产床笼既充分限制了母猪的行动范围而使得猪仔相对自由活动，而且在将母猪与猪仔隔离的同时，又能够实现猪仔的自动进食，大大降低猪仔被踩、压的概率，提高了猪仔的成活率。

1.7.4 附图说明

具体结构和功能说明如下。

母猪产床笼是专门用于母猪在生产后哺育猪仔期间的一种设备，其通常是极大地限制了母猪的小活动范围，使得减少对猪仔的踩踏，同时又能够方便地使猪仔进食，最终能够提高猪仔的成活率。当然，本研究的母猪产床笼同样适用于其他动物。

具体的，参照图 1–7–1、图 1–7–2、图 1–7–3 所示，分别为本研究提出的母猪产床笼的立体图、右视图和正视图。图 1–7–4、图 1–7–5 分别为本研究提出的母猪产床笼中自动喂食机构的一个俯视图和正视图。母猪产床笼包括：前门 1、后门 2、两组围栏 3 和自动喂食机构 4。两组围栏 3 为杆状结构组成的近似墙面的围栏结构。前门 1 和后门 2 既可以是由杆状结构组成，也可以直接由板状结构形成。安装时，两组围栏 3 对称设置于母猪活动区域的两侧，前门 1 和后门 2 分别连接到两组围栏的前端和后端，用于将两组围栏 3 形成的开口封闭住，使得前门 1、后门 3 和两组围栏 3 相互连接形成四周封闭的笼状结构。自动喂食机构 4 包括对称设置于两组围栏 3 下方的压杆 41、挡板 42、转轴 43 以及设置于前端或后端的传动机构 5，其中，压杆 41 与挡板 42 均固定于转轴 43 上，且压杆 41 与挡板 42 形成一定夹角，优选为 90°，使压杆 41 位于围栏 3 的内侧；转轴 43 与围栏 3 为转动连接，且两侧的转轴 43 通过传动机构 5 进行同步反向的转动。通常情况下，挡板 42 的重量大于压杆 41 的重量，因此，没有外力时，挡板 42 垂直向下，且能够将围栏下方的通道挡住，使得猪仔不能够进入到围栏 3 内侧，而压杆向围栏 3 的内侧横向延伸，当母猪向下躺下时，将会压倒一侧（如为右侧）的压杆 41，使得右侧的压杆 41 保持垂直向下，进而使得右侧的转轴 43 将会转动，由于两侧的转轴 43 通过传动机构 5 进行同步反向的转动，因此，左侧的转轴 43 将会反向旋转，使得左侧的压杆 41 保持垂直向下，而左侧的挡板 42 将会向外翻起，进而在母猪的胸脯那一侧（也即左侧），猪仔将能够通过压杆到母猪身上进食。

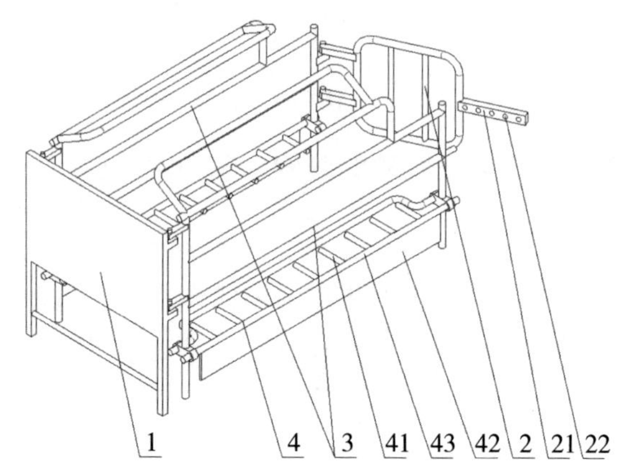

图 1-7-1　一种母猪产床笼的立体图

1- 前门；2- 后门；3- 围栏；4- 自动喂食机构；21- 连接杆；22- 连接孔；
41- 压杆；42- 挡板；43- 转轴

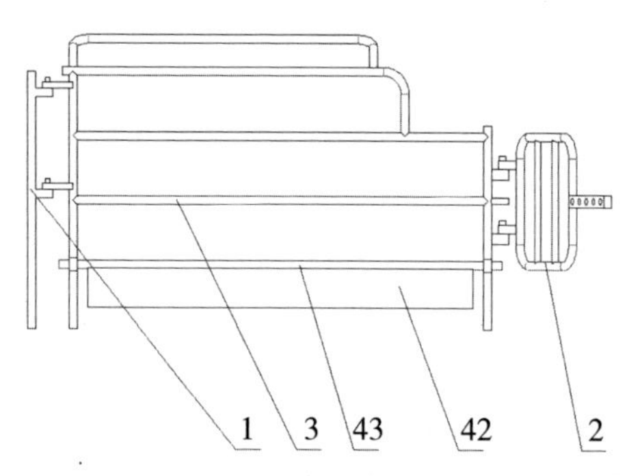

图 1-7-2　母猪产床笼的一个右视图

1- 前门；2- 后门；3- 围栏；42- 挡板；43- 转轴

优选的，压杆 41 为间隔设置且垂直于转轴 43 的杆状结构，压杆 41 之间的间隙大于猪仔的身体宽度。而具体压杆的数量可以根据实际需要设置。

由上述实施例可知，母猪产床笼通过在两侧的围栏下方设

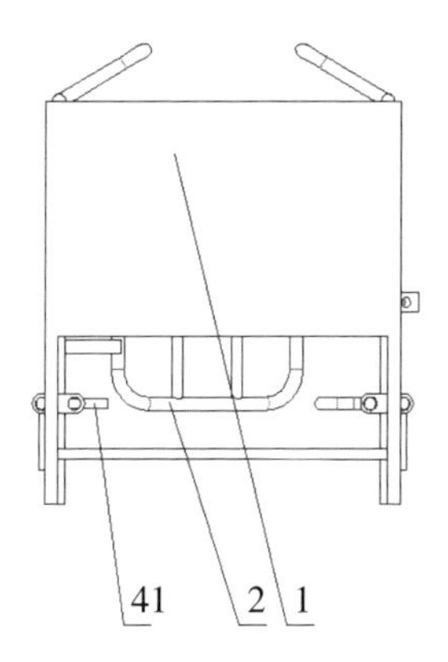

图 1-7-3　母猪产床笼的一个正视图

1- 前门；2- 后门；41- 压杆

置的自动喂食机构，使得只有在母猪躺下的时候才能够打开围栏的下侧通道，进而使得只有母猪躺下了猪仔才能够进食，一方面保证母猪在站立的时候与猪仔是处于分隔状态，因而不会导致母猪对猪仔的踩踏和碾压；另一方面使得母猪躺下后猪仔能够自由地进食。母猪产床笼既充分限制了母猪的行动范围而

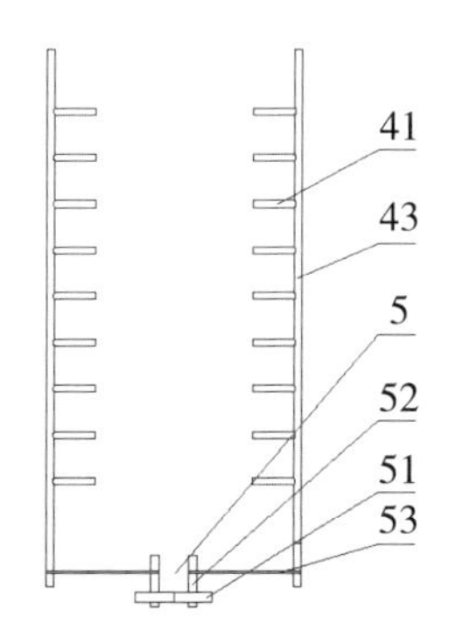

图 1-7-4　母猪产床笼中自动喂食机构的一个俯视图

5- 传动机构；41- 压杆；43- 转轴

使得猪仔相对自由活动，而且，在将母猪与猪仔隔离的同时，又能够实现猪仔的自动进食，大大降低猪仔被踩、压的概率，提高了猪仔的成活率。

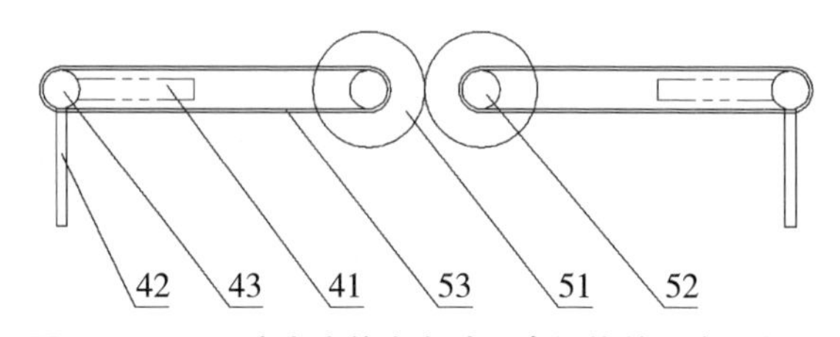

图 1-7-5　母猪产床笼中自动喂食机构的一个正视图

41- 压杆；42- 挡板；43- 转轴；51- 齿轮；52- 传动轴；53 传送带

参照图 1-7-4 和图 1-7-5 所示，传动机构 5 为相互啮合的两个齿轮 51，且两个齿轮 51 的中心具有传动轴 52，转轴 43 通过传送带 52（或者链条）连接到两个齿轮 51 的传动轴 52 上。其中，两个齿轮 51 的大小相同。提出，还可以根据实际路径的需要，设置多个中间轴或者多个中间齿轮结构进行运动的传递。这样，使得母猪产床笼两侧的转轴不仅能够完全同步运动，而且其运动结构非常稳定、可靠。也即，通过传动机构 5 实现了母猪与猪仔活动空间的隔离，同时当母猪躺下需要喂食的时候，又不影响猪仔的进食，这整个过程不需要人工的干预，大大提高了母猪与猪仔管理的效率和质量。

在一些提出实施例中，压杆 41 为均布设置的杆状结构，且压杆 41 与挡板 42 相互垂直。

在一些提出实施例中，参照图 1-7-6 所示，母猪产床笼还包括引导杆6，引导杆6对称设置于两组围栏3的内侧，且引导杆6与围栏3为转动连接。通过引导杆6使得母猪向一侧躺下时，能够进一步引导母猪的身体形成侧躺的姿势，进而使得母猪的乳房完全露出，有利于猪仔的进食。

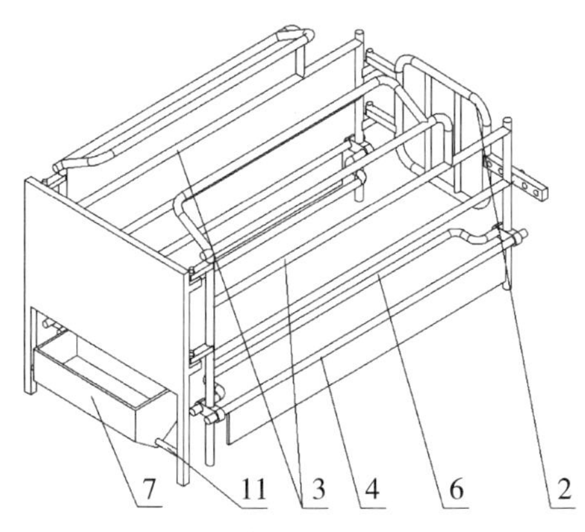

图1-7-6　母猪产床笼的另一个立体图

1-前门；2-后门；3-围栏；4-自动喂食机构；6-引导杆；7-食槽；11-横杆

在一些提出实施例中，引导杆6的宽度大于引导杆6与围栏3转动连接位置的高度。这样，一方面当引导杆6与地面接触时，不仅可以避免母猪直接躺到地面上，而且还能够引导母猪向具有乳房的那一侧滑去，使得更有利于猪仔的进食。

在一些提出实施例中，引导杆6的转动连接位置设置有缓冲弹簧结构。缓冲弹簧能够减缓引导杆6下降的速度，进而使得母猪快速躺下时，其身体还能够缓慢下降，不仅减少对母猪身体的损伤，而且，也给可能处于母猪身体下的猪仔逃跑的时间。

在一些提出实施例中，参照图 1-7-1 所示，后门 2 的一端与一侧的围栏 3 转动连接，后门 2 的另一端设置有连接杆 21，连接杆 21 上设置有系列的连接孔 22，连接杆 21 通过连接孔 22 与另一侧的围栏 3 连接。这样，由于后门另一端的连接孔 22 具有多个，使得可以调节后门 2 与围栏 3 的连接位置，进而能够调节母猪产床笼的宽度，进而使得母猪产床笼能够适用于各种体型的母猪。

可选的，还可以将前门设置为可调节结构。前门 1 与后门 2 与两侧的围栏 3 均为铰接连接。在一些提出实施例中，前门 1 的下方还设置有转动连接的食槽 7，食槽 7 的下端与前门 1 下方的横杆 11 转动连接。这样，既可以方便添食的工作人员能够极为顺利地添加母猪的食物，而且，也不会影响母猪的进食。

进一步，在食槽 7 的下方设置有限位结构，能够限制食槽 7 转动的角度，进而使得食槽 7 不会翻倒，最终提高了食槽 7 的稳定性。

本研究申请了国家专利保护，获得的专利授权号为：ZL 2016 2 0831884 X

1.8　一种妊娠母猪自动精准饲喂方法

1.8.1　技术领域

本研究涉及家畜饲喂领域，特别是指一种妊娠母猪自动精准饲喂方法。

1.8.2　背景技术

中国是养猪业大国，每年出栏的商品猪数量基本在 6 亿头以上，居世界第一。而可繁殖母猪的数量基本稳定，在 4 900 万头左右，大约占生猪存栏数量的 11%，这意味着在我国需要饲养较多的繁殖母猪才能保证出栏商品猪的数量。具体而言，涉及繁殖母猪的生产力水平。据 Agri-stats 2010 年提供的母猪生产力行业基础报告，在国际上母猪繁殖力即生产力较高的欧洲国家如荷兰、丹麦、爱尔兰、法国等，一头繁殖母猪，年产窝数在 2.3~2.5，一年能够提供的断奶活仔数高达 24~26 头，母猪死亡率，来自大样本数据（百万头以上）显示为 6.8%，断奶日龄提前到 18.7 天，断奶仔猪重量也能达到 5.6 千克。在如此高的母猪生产力水平下，断奶均匀度基本一致的仔猪在其后的饲养过程中，饲喂管理方便，发育健康，发病率及淘汰率低，保证了最终上市的猪只数量及猪肉数量的稳定供给，维护了猪价的稳定。

在我国，目前的母猪繁殖力相比之下，存在巨大的差距。

据农业部有关部门统计，目前母猪年产窝数一般为2.0，一头母猪年产活仔数为15~20头，但能够提供的断奶活仔数仅为14头左右，为欧洲发达水平的56%左右，最终能提供出栏的商品猪头数在12头以上。这就意味着要提供相同数量的出栏猪只数量，则需要饲养的繁殖母猪的数量是高繁殖力国家的1.7倍以上，不仅需要多耗费大量的人力、物力及饲料资源，而且，由此造成的排放及污染问题更加严重。

提高繁殖母猪的生产力，能否保证提供健康及体重均匀度较好的断奶仔猪，是保证商品猪饲养的关键，不仅是养殖场的核心竞争力，也是一个国家养殖业水平的主要组成部分。

那么是什么原因造成母猪繁殖力表现的巨大差异呢？首先从遗传潜力上分析，实际上，目前主要饲养的商品猪都是经过遗传改良后的大三元杂交品种，如杜洛克、长白、大约克等品种杂交而来，在遗传潜力上几乎同质化而无差异，越来越被行业认可的观点是，引起母猪生产力差异的根本原因在于对母猪的精细饲喂与管理甚至护理上。而对规模化母猪场的精细饲养，随着劳动力成本的增加，也越来越离不开自动智能化设备的采用。为此，在现代养殖领域，尤其是针对母猪的饲喂技术上，智能化、精确化的饲喂技术已经成为必然发展的趋势，尤其是随着我国劳动力的结构及成本悄然发生了颠覆性变化，生猪养殖模式已经从散养、家庭饲养迅速向集约化及规模化、标准化的模式转变，具有智能化、自动化及精细化的养殖技术成为行业发展的迫切需求。

1.8.3 解决方案

有鉴于此，本研究提出一种妊娠母猪自动精准饲喂方法，该方法能够对母猪个体进行识别，并且日粮精确饲喂的自动控制。

基于上述目的本研究提供的一种妊娠母猪自动精准饲喂方法，包括步骤：母猪接近饲喂器采食时，读取母猪个体编码；将读取的母猪编码传送给控制器；控制器获得母猪个体编码，根据该编码获取母猪的妊娠阶段并确定下料数量；控制器将确定的下料数量发送给饲喂器，饲喂器根据该下料数量为该母猪提供饲喂量。

可选的，母猪的个体编码是在标准低频 RFID 电子耳标中，耳标的工作频率为（134.2 ± 1.5）千赫兹；固定在饲喂器上的天线对耳标的感应距离：15~25 厘米，响应时间小于 0.5 毫秒。

进一步的，标准低频 RFID 电子耳标的编码长度定义为不超过 15 位的 ASC Ⅱ码，由数字和 / 或字母组成。

可选的，控制器获得母猪个体编码时，控制器先对该个体编码进行校验，符合校验的编码则根据该编码查找数据库中该猪只的信息；不符合校验的耳标则视为无效，直接抛弃。

进一步的，控制器采用 CRC32 进行校验。

可选的，控制器向饲喂器发送动作指令，指令包括向母猪下料的动作以及下料量。

进一步的，饲喂器母猪的采食情况，在控制器的显示屏上直接显示出来，或者通过计算机客户端通过无线网络连接到控制器上查询。

进一步的，计算机客户端对饲喂器的参数进行设置，当计算机客户端与控制器连接成功后，在控制器预设的不同妊娠期日饲喂量数据的基础上，进行调整的数据项包括配种日期、体重、系谱，预定下料量及预设结束日期。

从上面可以看出，本研究提供的一种妊娠母猪自动精准饲喂方法，通过母猪接近饲喂器采食时，读取母猪个体编码；将读取的母猪编码传送给控制器；控制器获得母猪个体编码，根据该编码获取母猪的妊娠阶段并确定下料数量；控制器将确定的下料数量发送给饲喂器，饲喂器根据该下料数量为该母猪提供饲喂量。从而，妊娠母猪自动精准饲喂方法提高了饲养管理水平与饲料采食的效率，实现对妊娠母猪个体的精细饲喂与体况数据的自动化管理。

1.8.4 附图说明

如图 1-8-1 所示，妊娠母猪自动精准饲喂方法包括：

步骤 101，母猪接近饲喂器采食时，读取母猪个体编码。

在本研究的一个实施例中，母猪需要佩戴标准低频 RFID 电子耳标，耳标的工作频率为（134.2 ± 1.5）千赫兹，配合适当功率的、固定在饲喂器上的天线系统，对耳标的感应距离：15~25 厘米，响应时间小于 0.5 毫秒。较佳的，一旦母猪接近饲喂器的食槽进行采食时，读卡器自动获取该猪的身份信息。其中，耳标的编码长度定义为不超过 15 位的 ASC Ⅱ码，可以由数字和 / 或字母组成。但在同一个繁殖场，在一定的运行时期内，耳标编码应具有唯一性，可读性及可拓展性。较佳的，编码规则符合 RFID ISO 11784 或者 11785 编码规则。

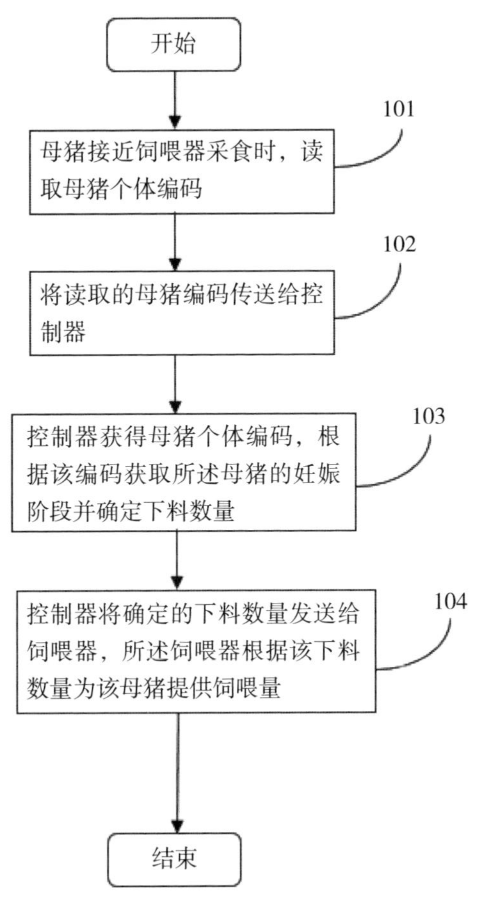

图 1-8-1　一种妊娠母猪自动精准饲喂方法的流程示意图

步骤102，将读取的母猪编码传送给控制器。

在实施例中，读卡器获取成功后，读卡器将读取到的母猪编码传输到控制器中，进行其后的信息处理。优选的，控制器包括主控板、电机及显示屏。控制器实际上可以是一个下位机，其主控板嵌入的主芯片为高性能ARM LPC1766，是NXP的非常成熟的32位嵌入式处理器，利用计算机串口（9针口）可进行编程，并采用WIFI芯片技术（芯片型号为：STM32F215RG）与上位机（计算机客户端）通信。其中，控制器与耳标读卡器采用RS-232接口。

控制器的电源采用24V配电柜统一供电，可以满足10台设备同时工作。24V低压电源，保证操作人员的人身安全。

步骤103，控制器获得母猪个体编码，根据该编码获取母猪的妊娠阶段并确定下料数量。

当母猪初次进行饲喂后，先由读卡器读取到耳标，数据迅速发送给下位机，下位机对该耳标进行校验，较佳地，采用CRC32进行校验。符合校验的耳标则根据编码查找数据库中该猪只的信息；不符合校验的耳标则视为无效，直接抛弃。

需要说明的是，在读取母猪个体编码时，判断是否为第一次编码读取。若是则控制器会自动产生一条新的猪只信息记录，该记录的“耳标”字段会记录识别的耳标编码，“日期”字段为当天日期[date( )]，而针对该母猪的喂料数据，均事先依据不同的妊娠阶段设定好，并由控制器按照定义好的下料数量。下位机设置妊娠前期、中期和后期 3 个阶段的时间，然后下位机会自动计算猪只处于何种阶段并按照该阶段下料。

步骤 104，控制器将确定的下料数量发送给饲喂器，饲喂器根据该下料数量为该母猪提供饲喂量。

作为本研究的另一个实施例，控制器向饲喂器发送动作指令，指令包括向母猪下料的动作以及下料量。较佳的，可以通过饲喂器下料电机旋转的次数，开始定量饲喂。这时，控制器在其的基本信息库中，检索出具有该猪只的当日记录，记录中记载有该猪只当日的实际饲喂量，预设饲喂量等数据。由控制器控制饲喂剩料部分，剩料部分是指预定饲喂量减去实际已饲喂量。一般情况下，定量饲料分两次饲喂，也有多余两次的情形发生。例如，当猪只在第二次饲喂时突然停电或遇到意外的惊吓而提早离开，就会出现第 3 次进入采食的情形。需要说明的是，当猪只该天第一次喂食，下料不超过 60%；如果不是第一次喂食，则要计算该猪只剩余的料量。

优选的，控制器数据的记录方法：由每台饲喂器的控制器记录的每只猪只采食记录最多为一个月的数据，即控制器可以记录猪只一个月的数据。例如，每台饲喂器饲喂的母猪的最大数量为 40 头（可以依据储料斗的容积及适宜的群居的猪只数量决定的），如果按一个月 30 天计算，控制器记录的猪只采食记录的最大数为 1 200 条。较佳的，超过 30 天随着饲喂天数的增加，一旦记录数大于 1 200 条，控制器采用堆栈控制原理，即记录先进先出，保存实际记录的总数最大值不变。因此，在实施例中本研究妊娠母猪自动精准饲喂方法还需要通过无线网络与计算机客户端进行数据的交换，该计算机客户端可以认为是控制器的上位机，在计算机客户端保存已经在控制器内贮存过的数据。一般来说，可以每隔 10 天或半个月让控制器与计算机客户端发生一次数据的交换。控制器采集的数据被计算机客户端的指令提取后，在计算机客户端中与已经贮存的数据合并时，一旦发现保存有先前的、相同猪只相同日期的饲喂记录数据，则不会覆盖；而不相同时，则在计算机客户端的数据库尾部添加未保存的新的数据记录，以保持数据的有效性并消除冗余。还有，每台饲喂器母猪的采食情况，不仅可以在识别到某猪只的有效耳标后，在控制器（下位机）的显示屏上直接显示出来，也可以通过计算机客户端（上位机）通过无线网络连接到下位机上查询。

另外，计算机客户端即上位机，上位机可以对饲喂器的参数进行设置。当上位机与控制器连接成功后，可在控制器预设的不同妊娠期日饲喂量数据的基础上，进行更有针对性的临时性调整，主要可修改的数据项有：配种日期、体重、系谱，预定下料量及预设结束日期。其中，直接与精确饲喂有关的项目为预定下料量和预设结束日期。这样的修改可以对需要特别关照的猪只基于其自身的体况及健康状态进行一段时间的特备关照。

科学计算或设定母猪个体的采食量实质上是一个非常复杂的问题。母猪个体的采食量与其遗传特性、体重、怀孕日龄、季节变化，以及日粮中的主要养分能量浓度等有关，目前很难通过通用的公式表达各种情形下采食量的变化。但通过大量的观察试验结果总结出有关妊娠母猪的基本采食量规律及调控规律。一年中不同季节里，妊娠母猪的采食量总体上在 2.1~2.6 千克 / 天变化。对妊娠母猪一般采用阶段饲喂法，即在妊娠前期（≤ 30 天）限量饲喂，一般限定的采食量在 2.0~2.2 千克 / 天；在泌乳中期（31~83 天），适量饲喂，一般限定的采食量在 2.4~2.5 千克 / 天；在妊娠后期（84 天至分娩），适当增加饲喂量，一般给定的采食量在 2.6~2.8 千克 / 天。妊娠前期限量饲喂，可防止母猪肥胖，有利于提高胚胎存活率，也有利于防止泌乳期采食量下降。妊娠后期增加饲料喂量，可保证胎儿快速生长发育的营养需要。针对不同的猪只个体及具体体况，一般需要在观察其采食特性，并结合事先配制日粮中的消化能（Mcal/kg）、蛋白质浓度（%）等，对每一母猪个体的每天采食量进行具体设定，并在观察其采食表现后（通过分析饲喂器控制器系统记录的母猪个体一段时间的采食量后），再有针对性地调整一些个体的采食量，即不外乎或高出或调低一般设定的日采食量，尽可能达到自由采食的效果，实现有差异性的精确饲养。本实例在控制器的 ARM 饲喂控制模块中，事先设定的、针对妊娠母猪的阶段饲养的基础饲喂量如下。

妊娠前期（≤ 30 天），日采食量在 2 000 克 / 天；

妊娠中期（31~83 天），日采食量在 2 400 克 / 天；

妊娠后期（84 天至分娩），日采食量 2 800 克 / 天。

在实施例中，饲喂方式为采用 2 次下料，第一次下料占总量的 60%。例如，如果总是设定为 2 000 克，则其 60% 为 1 200 克。第二次下完余下的大约 40%，即 2 000−1 210=790（克）。

由此可以看出，本研究提出的妊娠母猪自动精准饲喂方法，创造性地当母猪的头伸到饲喂器进行采食时，读卡器获取母猪的身份信息，通过事先科学计算的下料量，控制器控制饲喂器进行下料，达到智能化和精确饲喂的目的；尤其，本研究适用于中小规模的母猪繁殖场对自动饲喂设备及技术的需求，从解决饲料的精确投喂入手，进行技术的集成与开发的；最后，整个妊娠母猪自动精准饲喂方法准确、简便，易于操作。

本研究申请了国家专利保护，获得的专利授权号为：ZL 2014 1 0090671 1

1.9 一种妊娠母猪电子饲喂站

1.9.1 技术领域

本研究涉及动物饲养设备技术领域，特别是指一种妊娠母猪电子饲喂站。

1.9.2 背景技术

随着社会的进步与发展，养猪行业的自动化程度越来越高，母猪电子饲喂站的普及已迫在眉睫。目前市面上普遍采用各饲喂单元与服务器实时通讯的控制方式，优点是可以实时把握猪只的进食情况，调整猪只的饲喂数据，由于目前猪场饲喂人员普遍文化程度较低，无法很好地使用计算机，造成饲喂站根本无法使用；数据实时传输，又对服务器已经数据架构等要求很高，网络布设要求很高，但是在猪场的环境里很容易出现无法连接服务器等问题，造成设备无法使用，影响猪只进食。

现有的进出口门单元大部分采用电控门，用时间来控制猪只的进出，但是在实际应用过程中，经常出现后面猪顶前面猪，造成怀孕母猪流产的情况时有发生；而且在进口门单元会使用弹簧或拉簧，但是弹簧或拉簧使用寿命短，需要经常更换，这会造成整个饲喂站使用寿命短与不稳定。

针对以上问题，本研究研发了机械门单饲喂器的母猪饲喂站，很大程度地解决了进口门和饲喂器使用不便的问题，真正实现自动饲喂的目的。

1.9.3 解决方案

有鉴于此，本研究提出一种妊娠母猪电子饲喂站，该妊娠母猪电子饲喂站的进口门采用纯机械设计，没有任何的弹簧或拉簧，保证了使用寿命与稳定。

本研究提出的一种妊娠母猪电子饲喂站，包括采食通道、进口门、锁定装置和给料装置，给料装置设置在采食通道的一端，采食通道包括第一过道栏和第二过道栏，进口门设置在第一过道栏和第二过道栏之间；进口门包括进口门第一端、进口门第二端和两个延伸臂，进口门第一端和进口门第二端形成第一夹角，延伸臂的一端与进口门连接，延伸臂的另一端与第一过道栏或第二过道栏铰接；第一过道栏和第二过道栏均包括第一杆和第二杆，第一杆和第二杆形成第二夹角，第一夹角等于第二夹角；锁定装置包括卡销、卡杠和挡片，卡销的支点与进口门铰接，卡销上设置有挡片，卡杠设置在第一过道栏和第二过道栏之间，挡片和卡杠配合使用，使进口门处于关闭状态。

在本研究中，卡销包括卡销第一端和卡销第二端，卡销第一端和卡销第二端之间形成第三夹角，第三夹角小于第一夹角，卡销第一端设置在进口门第一端的下方，卡销第一端设置有两个挡片，且两个挡片相对设置；当作用于卡销的作用力较小时，挡片与卡杠接触，卡杠对挡片具有阻挡作用，使进口门处于关闭状态；当作用于卡销的作用力足够大时，挡片克服卡杠的阻挡开始下落，从而进口门第一端翻转下来，进口门处于打开状态。

延伸臂为四边形延伸臂，四边形延伸臂的相邻两边分别与进口门第一端和进口第二端连接，其余两边的连接处与第一过道栏或第二过道栏铰接。

四边形延伸臂中分别与进口门第一端和进口第二端连接的

相邻两边的夹角为第四夹角，第四夹角等于第一夹角。

进口门第一端包括横梁，卡销的支点设置在卡销的弯折处，并与横梁铰接。

在采食通道内设置有防卧杠，防卧杠的两端固定在地面上，防卧杠设置在采食通道的中间部位。

还包括两个支脚，妊娠母猪电子饲喂站设置在两个支脚上，支脚对妊娠母猪电子饲喂站起到支撑和固定作用。

卡杠上设置有减振部件，能够降低进口门与卡杠碰撞时产生的噪音。

给料装置与采食通道相连，给料装置包括饲料仓、下料电机、料管和食槽，下料电机设置在饲料仓的底端，饲料仓的下方连接有料管，料管的另一端与食槽连接。

给料装置还包括读卡器和控制盒，控制盒设置在饲料仓上，用于控制下料电机的转动，食槽上安装有读卡器，读卡器能够读取妊娠母猪身上戴有的耳标。

与现有技术相比，本研究的妊娠母猪电子饲喂站具有以下有益效果。

本研究的妊娠母猪电子饲喂站采用自由进出门的技术方案，进口门包括进口门第一端、进口门第二端和两个延伸臂，两个延伸臂分别将进口门的支点延伸到第一过道栏或第二过道栏，两个支点在同一轴线上，进口门第一端和进口门第二端围绕这两个支点实现进口门的打开与关闭，该妊娠母猪电子饲喂站采用纯机械设计，没有任何的弹簧或拉簧，保证了使用寿命与稳定；同时本研究的电子饲喂站采用单主机单饲喂器，可以根据妊娠母猪的个体情况及时调整饲喂方案，真正实现自动饲喂。

1.9.4 附图说明

具体结构和功能说明如下。

图 1-9-1 为一种妊娠母猪电子饲喂站的进口门打开时的结构示意图，图 1-9-2 为一种妊娠母猪电子饲喂站的进口门关闭时的结构示意图；如图 1-9-1、图 1-9-2 所示，本研究提出的一种妊娠母猪电子饲喂站，包括采食通道 1、进口门 2、锁定装置 3 和给料装置 4，给料装置 4 设置在采食通道 1 的一端，采食通道 1 包括第一过道栏 11 和第二过道栏 12，进口门 2 设置在第一过道栏 11 和第二过道栏 12 之间，锁定装置 3 使进口门处于关闭状态；进口门 2 包括进口门第一端 21、进口门第二端 22 和两个延伸臂 23，进口门第一端 21 和进口门第二端 22 形成第一夹角，延伸臂 23 的一端与进口门 2 连接，延伸臂 23 的另一端与第一过道栏 11 或第二过道栏 12 铰接；第一过道栏 11 和第二过道栏 12 均包括第一杆 121 和第二杆 122，第一杆 121 和第二杆 122 形成第二夹角，第一夹角等于第二夹角；锁定装置 3 包括卡销 31、卡杠 32 和挡片 33，卡销 31 的支点与进口门 2 铰接，卡销 31 上设置有挡片 33，卡杠 32 设置在第一过道栏 11 和第二过道栏 12 之间，挡片 33 和

卡杠 32 配合使用，使进口门 2 处于关闭状态。

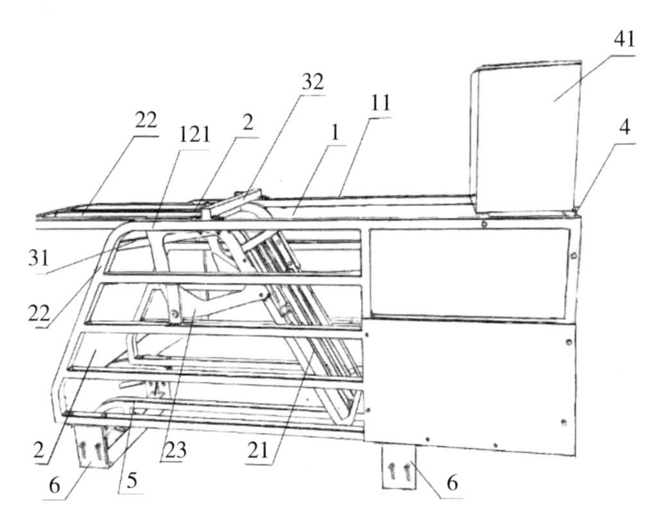

图 1-9-1　一种妊娠母猪电子饲喂站的进口门打开时的结构示意图

1- 采食通道；2- 进口门；4- 给料装置；5- 防卧杠；6- 支脚；11- 第一过道栏；21- 进口门第一端；22- 进口门第二端；23- 延伸臂；31- 卡销；32- 卡杠；41- 饲料仓；121- 第一杆

本研究中的进口门包括进口门第一端 21、进口门第二端 22 和两个延伸臂 23，两个延伸臂 23 的作用是将进口门 2 的支点分别延伸到第一过道栏 11 和第二过道栏 12，其中，一个延伸臂 23 和第一过道栏 11 接触的部位设置有通孔，其中，一个延伸臂 23 和第一过道栏 11 通过通孔进行铰接，该铰接点作为支点，另一个延伸臂 23 和第二过道栏 12 接触的部位也设置有通孔，另一个延伸臂 23 和第二过道栏 12 也通过通孔进行铰接，该铰接点作为另外一个支点，两个支点对称，在同一轴线

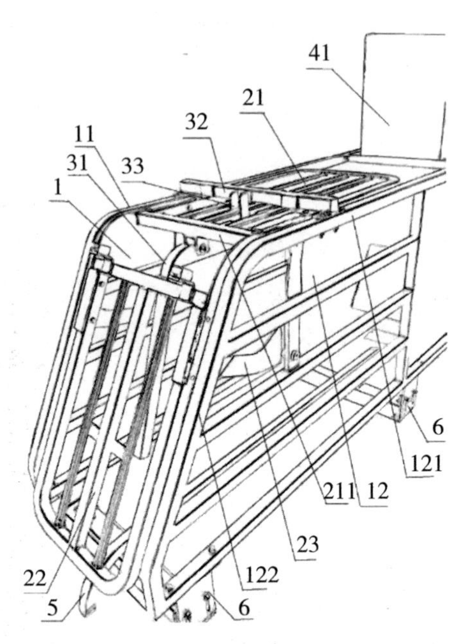

图 1-9-2　一种妊娠母猪电子饲喂站的进口门关闭时的结构示意图

1- 采食通道；5- 防卧杠；6- 支脚；11- 第一过道栏；12- 第二过道栏；
21- 进口门第一端；22- 进口门第二端；23- 延伸臂；31- 卡销；32- 卡杠；
33- 挡片；41- 饲料仓；121- 第一杆；122- 第二杆；211- 横梁

上，进口门第一端 21 和进口门第二端 22 绕着支点翻转，从而实现进口门 2 的打开和关闭。

图 1-9-3 为一种妊娠母猪电子饲喂站的进口门打开时的侧视图，如图 1-9-3 所示，作为另一可选的实施例，可在两个通孔之间设置平衡轴 7，进口门第一端 21 和进口门第二端 22 绕着这个平衡轴 7 翻转，从而实现进口门 2 的打开和关闭。当进口门 2 处于打开状态时，当妊娠母猪进入该饲喂站后，猪头拱到进口门第一端 21，由于平衡轴 7 使得两端基本处于平

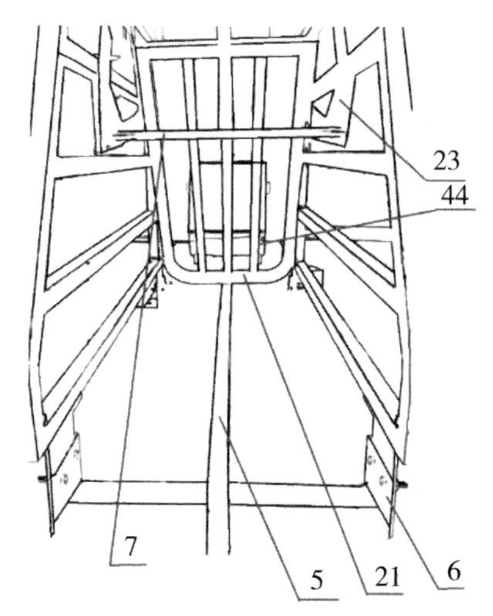

图 1-9-3　一种妊娠母猪电子饲喂站的进口门打开时的侧视图

5- 防卧杠；6- 支脚；7- 平衡轴；21- 进口门第一端；23- 延伸臂；44- 食槽

衡，一个很小的力量就可以使进口门 2 翻转，从而进口门第二端 22 翻转下来，挡住进口。

可选的，延伸臂 23 为四边形延伸臂，四边形延伸臂 23 的相邻两边分别与进口门第一端 21 和进口第二端 22 连接，其余两边的连接处与第一过道栏 11 或第二过道栏 12 铰接。进口门第一端 21 和进口门第二端 22 均由门框和多个纵向排列的杆组成，其中，一个四边形延伸臂的相邻两边分别与进口门第一端 21 的门框长边和进口门第二端 22 的门框长边相连，另一个四边形延伸臂的相邻两边分别与进口门第一端 21 的门框另一长边和进口门第二端 22 的门框另一长边相连。优选的，四边形延伸臂 23 中分别与进口门第一端 21 和进口第二端 22 连接的相邻两边的夹角为第四夹角，第四夹角等于第一夹角，方便进口门第一端 21 和进口门第二端 22 的翻转。

第一过道栏 11 和第二过道栏 12 均包括第一杆 121 和第二杆 122，第一杆 121 和第二杆 122 形成第二夹角，第一夹角等于第二夹角，这样当进口门 2 处于关闭状态时，第一过道栏 11 和第二过道栏 12 与进口门第二端 22 形成一个封闭的空间，防止外面的妊娠母猪进入饲喂站。其中，第一夹角为 90° ~180°，优选的，第一夹角为 110° ~130°，在此角度下最为省力，只需要一个很小的力即可使进口门 2 发生翻转。在实际应用中，第一夹角可以大于第二夹角 10°内，这时当进口门 2 处于关闭状态时，进口门第二端 22 与第一过道栏 11 和第二过道栏 12 有一定的缝隙，但由于妊娠母猪体形较大，也无法进入饲喂站中。

优选的，第一过道栏 11 和第二过道栏 12 为直角梯形，还包括多个与第一杆 121 横向平行的横杆，这些横杆之间的间距相等。

图 1-9-4 为卡销的结构示意图，如图 1-9-4 所示，卡销 31 包括卡销第一端 311 和卡销第二端 312，卡销第一端 311 和卡销第二端 312 之间形成第三夹角，第三夹角小于第一夹角，卡销第一端 311 设置在进口门第一端 21 的下方，优选的，进口门第一端 21 包括横梁 211，卡销 31 的支点设置在卡销 31 的弯折处，并与横梁 211 铰接，这样当妊娠母猪退出饲喂站

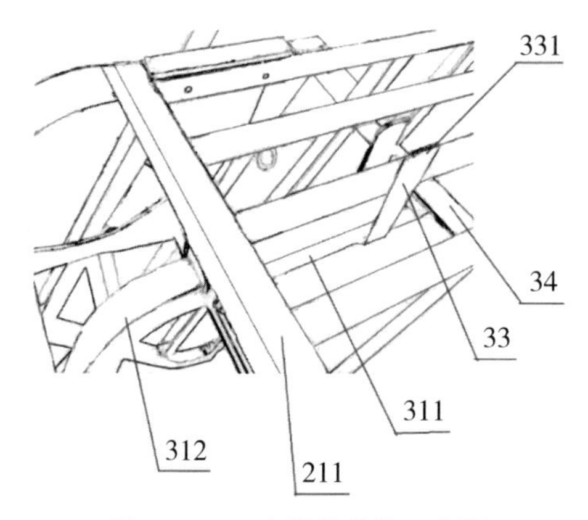

图 1-9-4　卡销的结构示意图

33- 挡片；34- 板；211- 横梁；311- 卡销第一端；312- 卡销第二端；331- 弹性部

时，只需要一个很小的力碰到卡销第二端 312，即可使卡销第一端 311 下落。

卡销第一端 311 设置有两个挡片 33，且两个挡片 33 相对设置，进口门第一端 21 中的其中一个杆设置在两个挡片 33 之间。可选的，在卡销第一端 311 的端部垂直设置一板 34，该板 34 与进口门第一端 21 中的多个杆接触，但不固定连接，增大受力面积，用于分散进口门第一端 21 对卡销第一端 311 的力，防止由于卡销第一端 311 的力过大造成饲喂站整体变形。当作用于卡销 31 的作用力较小时，挡片 33 与卡杠 32 接触，卡杠 32 对挡片 33 具有阻挡作用，使进口门 2 处于关闭状态；当作用于卡销 31 的作用力足够大时，挡片 33 克服卡杠 32 的阻挡开始下落，从而进口门第一端 21 翻转下来，进口门 2 处于打开状态。

图 1-9-5 为锁定装置的结构示意图，如图 1-9-5 所示，锁定装置 3 还包括卡杠 32，卡杠 32 设置在第一过道栏 11 和第二过道栏 12 之间，挡片 33 和卡杠 32 配合使用，使进口门 2 处于关闭状态。具体的为：当进口门 2 处于关闭状态时，进口门第一端 21 和卡销第一端 311 均会受到重力的作用，进口门第一端 21 和卡销第一端 311 均有下落的趋势，但是卡销第一端 311 在下落的过程中，两个挡片 33 会接触到卡杠 32，卡杠 32 对挡片 33 具有阻挡作用，而且由于重力的作用比较小，使挡片 33 无法克服卡杠 32 的阻挡继续下落，从而进口门 2 继续保持关闭状态，因此，锁定装置 3 能够使进口门 2 保持关闭状态。而当妊娠母猪采食完毕，退出饲喂站时，妊娠母猪屁股会先碰到卡销第二端 312，但是由于妊娠母猪的力量足够大，挡片 33 克服卡杠 32 的阻挡开始下落，接着妊娠母猪会碰到进口门第二端 22，从而进口门第一端 21 翻转下来，进口门 2 处于打开状态。因此，在本研究实施例中，进口门第一端 21 和卡销第一端 311 受到的重力作用只能使两个挡片 33 的端部和卡杠 32 接触，但重力不足以克服卡杠 32 的阻挡继续下落，从而使进口门 2 保持关闭状态，而当妊娠母猪屁股碰到卡销第二端 312 时，该作用力足以使两个挡片 33 克服卡杠 32 的阻挡继续下落，从而使进口 2 打开。

优选的，挡片 33 与卡杠 32 接触的部分设置有弹性部 331，当作用于卡销 31 的作用力足够大时，弹性部 331 克服卡

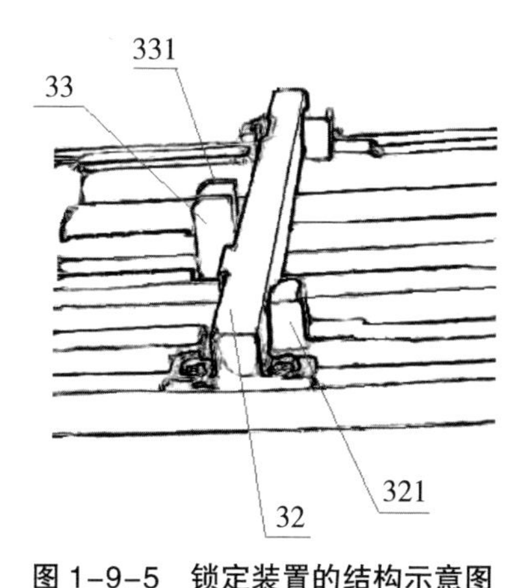

图 1-9-5　锁定装置的结构示意图

32- 卡杠；33- 挡片；321- 减震部件；331- 弹性部

杠 32 的阻挡开始下落，从而进口门第一端 21 翻转下来，进口门 2 处于打开状态。

在本研究实施例中，弹性部 331 由弹性材料制成，弹性材料可为橡胶，但不限于此。当妊娠母猪在饲喂站进食完毕后，退出妊娠母猪电子饲喂站，妊娠母猪屁股会顶着卡销第二端 312，由于妊娠母猪作用于卡销第二端 312 的作用力足够大，能够克服卡杠 32 的阻挡继续下落，妊娠母猪继续后退碰到进口门第二端 22 时，进口门第一端 21 翻转下来，进口门 2 得以打开。作用于卡销 31 的作用力较小指的是进口门第一端 21 和卡销第一端 311 所受到的重力不足以使弹性部 331 发生形变，不能够克服卡杠 32 对两个挡片 33 的阻挡，即重力小于弹性部 331 的弹性形变力；作用于卡销 31 的作用力足够大时指的是妊娠母猪作用于卡销第二端 312 的作用力足以使弹性部 331 发生形变，能够克服卡杠 32 对两个挡片 33 的阻挡，即作用力大于弹性部 331 的弹性形变力。

当进口门 2 处于打开状态时，当妊娠母猪进入该饲喂站后，猪头拱到进口门第一端 21，从而进口门第二端 22 开始翻转，而进口门第二端 22 翻转的过程中会压到卡销第二端 312，卡销第一端 311 和进口门第一端 21 会一起翻转上来，顶部设置有卡杠 32，刚好把进口门锁住，实现猪只自由采食。

在本研究实施例中，卡杠 32 的另一作用为：当进口门 2 处于关闭状态时，饲喂站外面的妊娠母猪想要进入饲喂站会拱进口门第二端 22，但由于卡杠 32 的限制作用，进口门第一端 21 无法发生翻转，进口门 2 还是处于关闭状态，外面的妊娠母猪无法进入饲喂站，保证饲喂站内每次只有一只妊娠母猪进食。

优选的，卡杠 32 上设置有减震部件 321，能够降低进口门 2 与卡杠 32 碰撞时产生的噪音。可在卡杠与进口门 2 接触的部位设置减震部件 321，例如，卡杠 32 上靠近挡片 33 的一面上对称设置有两个减震部件 321，减震部件 321 可为塑料块。妊娠母猪退出饲喂站时，碰到进口门第二端 22 的力过大，会使进口门 2 翻转的幅度过大，从而与卡杠 32 碰撞时产生较大的噪音，惊吓到妊娠母猪，而减震部件 321 能够降低进口门 2 与卡杠 32 碰撞时产生的噪音，防止惊吓到妊娠母猪。

优选的，防卧杠 5 的两端固定在地面上，防卧杠 5 设置在采食通道 1 的中间部位，并且离给料装置 50 厘米处，同时该防卧杠 5 距离地面的高度为 10 厘米，防卧杠 5 可以防止妊娠母猪躺卧在采食通道 1 内，不愿离开饲喂站，影响下一只妊娠母猪的进食。

优选的，还包括两个支脚 6，妊娠母猪电子饲喂站设置在两个支脚 6 上，支脚 6 对妊娠母猪电子饲喂站起到支撑和固定作用。其中，一个支脚 6 设置在第一过道栏 11 和第二过道栏 12 的一端，妊娠母猪电子饲喂站的一端，另一个支脚 6 设置在第一过道栏 11 和第二过道栏 12 的另一端。

在本研究中，进口门 2 有两种工作状态，分别为打开状态和关闭状态，初始状态为进口门 2 打开状态，此时妊娠母猪可以进入饲喂站进行采食，当妊娠母猪进入饲喂站后，会用猪头拱进口门第一端 21，进口门第二端 22 会开始翻转，进口门第二端 22 翻转过程中，会压到卡销第二端 312，卡销第二端 312 开始下落，卡销第一端 311 会随着进口门第一端 21 开始上升，进口门第二端 22 翻转下来后，由于锁定装置 3 的存在使进口门 2 保持关闭状态；当妊娠母猪采食完毕后，退出饲喂站，猪屁股会首先碰到卡销第二端 312，卡销第一端 311 开始下落，锁定装置 3 打开，妊娠母猪继续后退碰到进口门第二端 22 时，进口门第一端 22 翻转下来，进口门 2 打开，妊娠母猪退出饲喂站，下一只妊娠母猪继续进入饲喂站采食。

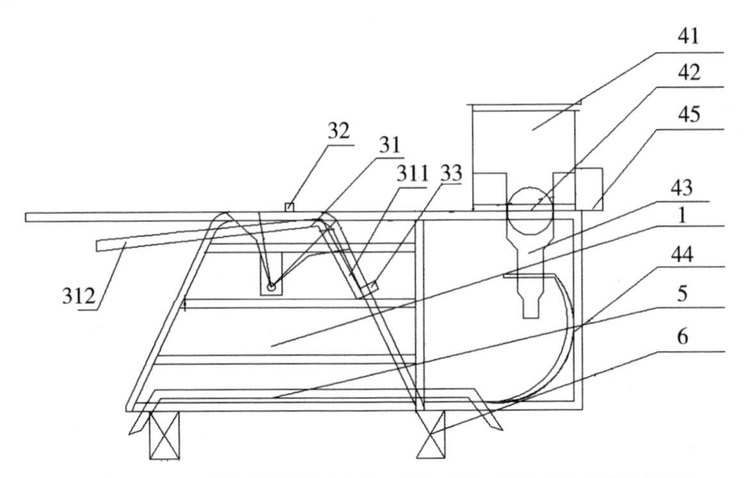

图 1-9-6　一种妊娠母猪电子饲喂站的进口门打开时的主视图

1- 采食通道；5- 防卧杠；6- 支脚；31- 卡销；32- 卡杠；33- 挡片；41- 饲料仓；42- 下料电机；43- 料管；44- 食槽；45- 控制盒；311- 卡销第一端；312- 卡销第二端

图 1-9-6 为本研究的一种妊娠母猪电子饲喂站的进口门打开时的主视图，如图 1-9-6 所示，给料装置 4 与采食通道 1 相连，给料装置 4 包括饲料仓 41、下料电机 42、料管 43 和食槽 44，下料电机 42 设置在饲料仓 41 的底端，饲料仓 41 的下方连接有料管 43，料管 43 的另一端与食槽 44 连接。

在本研究中，给料装置 4 还包括读卡器（未示出）和控制盒 45，控制盒 45 设置在饲料仓 41 上，用于控制下料电机 42 的转动，食槽 44 上安装有读卡器，读卡器能够读取妊娠母猪身上戴有的耳标。采用先进的 134.2 赫兹读卡器，读取耳标距离 20 厘米以上。

给料装置 4 的工作原理：妊娠母猪身上的耳标，经读卡器感应后，获得该妊娠母猪的进食参数。控制盒 45 根据读卡器提出的参数，转动下料电机 42，使下料电机 42 随之转动，使饲料仓 41 内的饲料通过料管 43 进入食槽 44 中，实现下料。根据下料电机 42 转动的时间可计算出下料量（如每次 93 克）。采用精密的下料方式，单圈下料量 200 克的情况下，误差 ±1% 以内。

妊娠母猪电子饲喂站采用 24 伏直流电源，保证猪只安全。采用 220 伏直供到饲喂站电源箱内，避免低压 24 伏供电，造成压降太大，影响设备正常使用。

本研究的电子饲喂站采用单主机、单饲喂器的模式。

采用同进同出的理念，饲喂站有 5 个按钮，分别为：调整 / 查询、增加、减少、确定、返回 / 清除，如表 1-9-1 所示。

表 1-9-1 按键名称及作用

按键名称	调整 / 查询	增加	减少	确定	返回 / 清除
作用	可进行数据查询与参数调整	数据调整时增加或者翻页	数据调整时减少或者翻页	确定参数或者数据	参数等数据查询修改时，返回或者饲喂站数据删除

1. 调整 / 查询

按一次该按键，进入参数调整界面，可以调整单圈下料量、饲喂量、饲喂器时间以及下料次数等数据。

连续按三秒，可以查询该饲喂站猪只当日的进食情况。进食数据按照进食量从小到大排列，便于饲养员及时掌握进食情况。

2. 增加

该按键在参数调整界面，可以按“增加”“减少”键来选取需要设置的参数，点确定选定需要设置的参数，通过按“增加”按钮来实现数据的修改。

当进行进食情况查询时，则可以按“增加”键来实现翻页。

3. 减少

该按键在参数调整界面，可以按“增加”“减少”键来选取需要设置的参数，点确定选定需要设置的参数，通过按“减少”按钮来实现数据的修改。

当进行进食情况查询时，则可以按“减少”键来实现翻页。

4. 确定

该按键在参数调整界面，可以按“增加”“减少”键来选取需要设置的参数，点“确定”选定需要设置的参数，设置完成后点“确定”按钮进行保存。

5. 返回 / 删除

在参数调整界面，当选取的参数设置不需要修改时，则按“返回”键来返回上一界面。

长按“返回”键3秒钟，则可以删除该饲喂站内的猪只信息。

使用步骤：

（1）给饲喂器接通220伏电源，设备启动。

（2）参数调整。

① 对时间进行校准。如果和实际时间一致，则不再设置，如果不一致，则进行手动校准。

② 使用猪场的饲料，多次下料平均的方法（10次）测出单圈下料量，把该参数设置到饲喂站内。

③ 饲养员根据该圈内猪只的实际情况，对进食量进行设置，该数据为统一数据，该饲喂站内妊娠母猪全部按这一数据进行饲喂。随着猪只怀孕天数的变化，则猪只的进食量也在变化，饲养员要及时对数据进行重新设置。

④ 饲喂次数：根据猪场的习惯，可以进行一次或者两次饲喂，如果采用一次，则猪只进入饲喂站刷到耳标后一次下完；如果采用两次，则每次下料50%。

⑤ 数据查询：饲养员可以对当天数据进行查询，按查询按钮后显示出猪只当天的进食数据，饲养员可以及时了解一天的数据信息。

⑥ 当猪只的上产床分娩了，则该圈的耳标数据无法一直累计，影响饲养员对进食数据的查询，该圈猪只移出后，按“清除”按钮，删除饲喂器妊娠母猪信息。

由上述内容可知，本研究的妊娠母猪电子饲喂站采用自由进出门的技术方案，进口门包括进口门第一端、进口门第二端和两个延伸臂，两个延伸臂分别将进口门的支点延伸到第一过道栏或第二过道栏，两个支点在同一轴线上，进口门第一端和进口门第二端围绕这两个支点实现进口门的打开与关闭，该妊娠母猪电子饲喂站采用纯机械设计，没有实现任何的弹簧或拉簧，保证了使用寿命与稳定；同时本研究的电子饲喂站采用单主机单饲喂器，可以根据妊娠母猪的个体情况及时调整饲喂方案，真正实现自动饲喂。

本研究申请了国家专利保护，专利申请号为：2017 10824779 2

1.10 一种哺乳母猪精确下料系统

1.10.1 技术领域

本研究涉及畜牧饲养领域，特别是指一种哺乳母猪精确下料系统。

1.10.2 背景技术

妊娠期及哺乳期母猪需要调整饲料投喂量，以满足其营养需求。现有技术通常采用人工定时添加饲料的方式，但是这种方式需要工作人员量取饲料重量，并分别投喂，不但费时费力，还无法保证饲料重量精确控制。例如，猪只在妊娠后期

（怀孕84天到114天）为妊娠后期阶段，每天设定3千克饲料，分4次下料，这样有利于母猪多饮水。分娩前3天开始减料，分娩前第3天2.5千克饲料、分娩前第2天2千克饲料、分娩前第1天1千克饲料。猪只分娩后24小时之内不下料，属于禁食阶段。猪只分娩后即为哺乳阶段，设定分娩当天不喂料，第2天1千克饲料，以后每天递增1千克饲料，采食量达到6千克后不设限，分娩母猪采食量越多越好，直到断奶。断奶期为断奶前3天开始减料，从6千克依次减为5千克、4千克、3千克。断奶当天不喂料，不用再设置。可见如果采用人工投料，则需要精确记录每头母猪所处的时期，对于规模较大的养殖场，尤其容易引起管理混乱，导致断奶仔猪的断奶重及成活率均较低，且仔猪整齐度较差，断奶重参差不齐。因此，希望提出一种能够实现自主定量投料的下料装置，以满足哺乳母猪的饲养需求。

1.10.3 解决方案

有鉴于此，本研究提出一种能够实现自动精确下料的哺乳母猪精确下料装置。

基于上述目的本研究提出的一种哺乳母猪精确下料系统，包括客户端、服务器和下料装置；客户端用于接收下料信息，下料信息包括下料次数、下料时间和下料量，还用于将下料信息发送至服务器；服务器用于接收并存储下料信息，依照下料信息控制下料装置进行下料。

下料装置包括储料仓、定量仓和密封机构；储料仓底端与定量仓顶端连通；密封机构的伸缩部顶端固定于储料仓顶部，密封机构的密封部设置于定量仓内，伸缩部底端与密封部连接；定量仓的体积可调。

伸缩部带动密封部下移时，储料仓内的饲料由定量仓的上开口流入定量仓；伸缩部带动密封部上移时，定量仓内的饲料由其下部的出料口流出。

定量仓还包括体积调整机构；定量仓分为上下分离的两段，下段嵌套于上段内，并可相对于上段上下运动，且上段和下段之间保持滑动密封；调整机构主体固定于上段侧面，其驱动部固定于下段侧面；主体用于驱动活动部上下运动。

伸缩部包括伸缩机构和连接杆；伸缩机构固定于储料仓顶部内侧，伸缩机构下端通过连接杆连接至密封部，带动密封部上下运动。

伸缩机构为电动推杆、液压推杆、气动推杆中的任意一种。

密封部包括拉杆、第一限位块、第二限位块、上密封结构、下密封结构和弹簧；拉杆设置于伸缩机构下端；拉杆下端设置有第二限位块，距其下端一定距离设置有第一限位块；上密封结构和下密封结构套装在拉杆上，位于定量仓内，处于第一限位块和第二限位块之间；上密封结构和下密封结构之间通过弹簧连接；通常状态下，上密封结构与定量仓的上开口及第一限位块接触，下密封结构与定量仓的出料口及第二限位块接触，弹簧处于压缩状态。

上密封结构上半部略大于并完全覆盖上开口，下密封结构下半部略大于并完全覆盖出料口。

上开口和出料口均为圆形，上密封结构上半部为直径略大于上开口直径的半球体，下密封结构下半部为直径略大于出料口的半球体。

还包括控制盒，控制盒包括显示面板、操作面板、定时模块和下料控制模块；操作面板用于接收用户输入的定时信息，定时模块用于获取定时信息，并在定时信息规定的时间点启动下料控制模块，下料控制模块用于控制伸缩部进行伸缩，完成下料过程。

还包括料槽，料槽设置于定量仓下方；料槽内设置有触动开关，当触动开关被触动时，启动下料控制模块，下料控制模块用于控制伸缩部进行伸缩，完成下料过程。

从上面可以看出，本研究提出的哺乳母猪精确下料系统，可以按照预设时间点，投放预定体积的饲料，可以满足哺乳母猪的进食需求，提高饲喂准确程度和饲喂效率，从而改善哺乳母猪的营养状况，提高养殖场产量。

1.10.4　附图说明

具体结构和功能说明如下。

图 1-10-1 为本研究提出的哺乳母猪精确下料系统的模块

示意图。

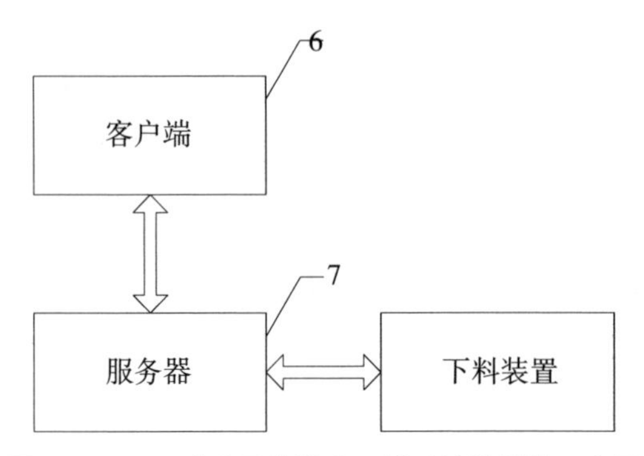

图 1-10-1　哺乳母猪精确下料系统的模块示意图

如图 1-10-1 所示，本研究中的系统包括客户端 6、服务器 7 和下料装置；客户端 6 用于接收下料信息，下料信息包括下料次数、下料时间和下料量，还用于将下料信息发送至服务器；服务器 7 用于接收并存储下料信息，依照下料信息控制下料装置进行下料。

其中，客户端 6 与服务器 7 之间通过有线或无线网络连接，可进行双向通信。用于可随时通过客户端 6 查询当前投料情况。

下面具体介绍下料装置的结构。

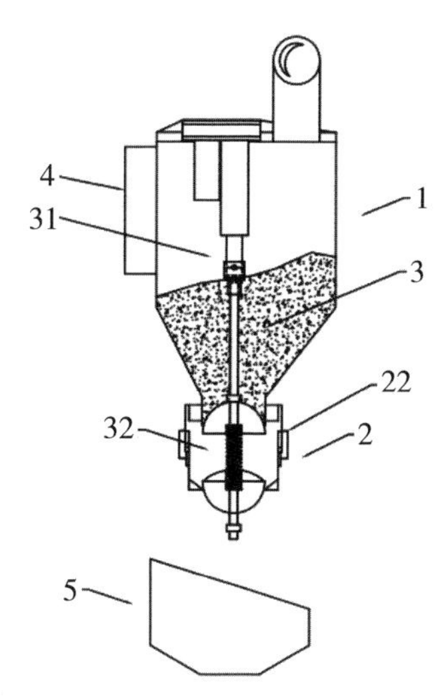

图 1-10-2　哺乳母猪精确下料系统的定量仓处于第一体积时的示意图

1- 储料仓；2- 定量仓；3- 密封机构；4- 控制盒；5- 料槽；22- 出料口；
31- 伸缩部；32- 密封部

图 1-10-2 为本研究提出的哺乳母猪精确下料系统的定量仓处于第一体积时的示意图。

如图所示，本研究中的下料装置，包括储料仓 1、定量仓 2 和密封机构 3；储料仓 1 底端与定量仓 2 顶端连通；密封机构 3 的伸缩部 31 顶端固定于储料仓 1 顶部，密封机构 3 的密封部 32 设置于定量仓 2 内，伸缩部 31 底端与密封部 32 连接。

伸缩部 31 带动密封部 32 下移时，储料仓 1 内的饲料由定量仓 2 的上开口 21 流入定量仓 2；伸缩部 31 带动密封部 32 上移时，定量仓 2 内的饲料由其下部的出料口 22 流出。

储料仓 1 顶部还设置有用于补充饲料的入料口。

定量仓 2 可以打开，其内部可增设体积调整块，用于调整定量仓 2 的容积。

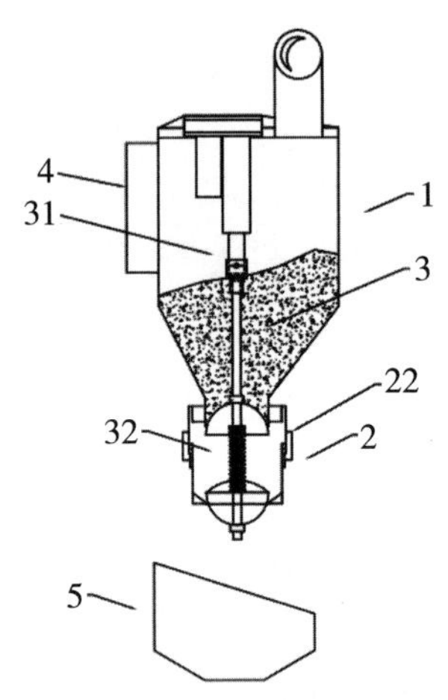

图 1-10-3　哺乳母猪精确下料系统的定量仓处于第二体积时的示意图

1- 储料仓；2- 定量仓；3- 密封机构；4- 控制盒；5- 料槽；22- 体积调整机构；31- 伸缩部；32- 密封部

图 1-10-3 为本研究提出的哺乳母猪精确下料系统的定量仓处于第二体积时的示意图。

参考图 1-10-2、图 1-10-3，定量仓 2 还包括体积调整机构 22；定量仓 2 分为上下分离的两段，下段嵌套于上段内，并可相对于上段上下运动，且上段和下段之间保持滑动密封；调整机构 22 主体固定于上段侧面，其驱动部固定于下段侧面；主体用于驱动活动部上下运动。

如图 1-10-2 所示，此时调整机构 22 主体将其活动部收回，使得定量仓 2 下段上移，定量仓 2 容积较小；需要时，调整机构 22 主体控制器活动部下移，使得定量仓 2 下段下移，定量仓 2 容积扩大。

图 1–10–4 为本研究提出的哺乳母猪精确下料系统的实施例在第一状态时的示意图。

如图 1–10–4 所示，在另一实施例中，伸缩部 31 包括伸缩机构 311 和连接杆 312；伸缩机构 311 固定于储料仓 1 顶部内侧，伸缩机构 311 下端通过连接杆连接至密封部 32，带动密封部 32 上下运动。

伸缩机构 311 为电动推杆、液压推杆、气动推杆中的任意一种。事实上，只要是能实现伸缩功能的电气或机械结构，均可作为伸缩机构 311 的备选方案。

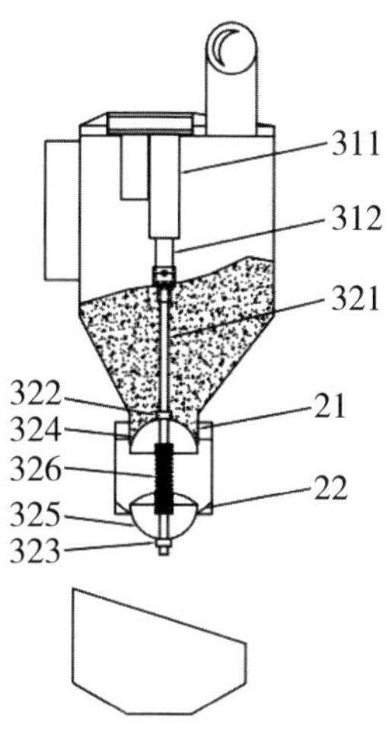

图 1–10–4　哺乳母猪精确下料系统的实施例在第一状态时的示意图

21 – 上开口；22– 体积调整机构；311– 伸缩机构；312– 连接杆；321– 拉杆；322– 第一限位块；323– 第二限位块；324– 上密封结构；325– 下密封结构；326– 弹簧

如图 1-10-4 所示，在另一实施例中，密封部 32 包括拉杆 321、第一限位块 322、第二限位块 323、上密封结构 324、下密封结构 325 和弹簧 326；拉杆 321 设置于伸缩机构 311 下端；拉杆 321 下端设置有第二限位块 323，距其下端一定距离设置有第一限位块 322；上密封结构 324 和下密封结构 325 套装在拉杆 321 上，位于定量仓 2 内，处于第一限位块 322 和第二限位块 323 之间；上密封结构 324 和下密封结构 325 之间通过弹簧 326 连接，通常时，弹簧 326 处于压缩状态。

通常状态下，上密封结构 324 与定量仓 2 的上开口 21 及第一限位块 322 接触，下密封结构 325 与定量仓 2 的出料口 22 及第二限位块 323 接触。

上密封结构 324 上半部略大于并完全覆盖上开口，下密封结构 325 下半部略大于并完全覆盖出料口 22。

可选的，在另一实施例中，上开口 21 和出料口 22 均为圆形，上密封结构 324 上半部为直径略大于上开口 21 直径的半球体，下密封结构 325 下半部为直径略大于出料口 22 的半球体。

可选的，下密封结构 325 上半部为圆弧顶或锥顶，可以避免饲料积蓄在下密封结构 325 上表面。

图 1-10-5 为本研究提出的哺乳母猪精确下料系统的实施例在第二状态时的示意图；图 1-10-6 为本研究提出的哺乳母猪精确下料系统的实施例在第三状态时的示意图。参

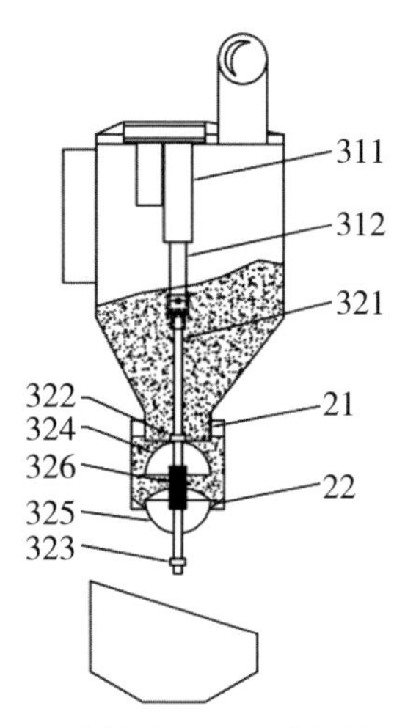

图 1-10-5　哺乳母猪精确下料系统在第二状态时的示意图

21 - 上开口；22- 体积调整机构；311- 伸缩机构；312- 连接杆；321- 拉杆；322- 第一限位块；323- 第二限位块；324- 上密封结构；325- 下密封结构；326- 弹簧

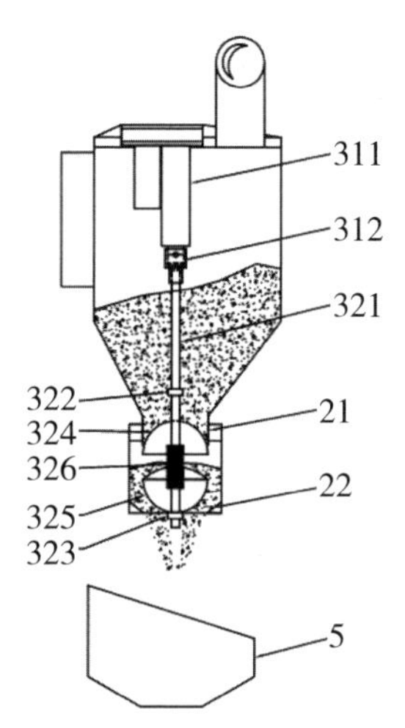

图 1-10-6　哺乳母猪精确下料系统在第三状态时的示意图

21 - 上开口；22- 体积调整机构；311- 伸缩机构；312- 连接杆；321- 拉杆；322- 第一限位块；323- 第二限位块；324- 上密封结构；325- 下密封结构；326- 弹簧

考图 1-10-4、图 1-10-5 及图 1-10-6。通常情况下，如图 1-10-4 所示，上密封结构 324 将上开口 21 密封，下密封结构 325 将出料口 22 密封；当伸缩部 31 向下伸长时，如图 1-10-5 所示，下密封结构 325 受到出料口 22 限制，不发生移动，仍然将出料口 22 密封，而上密封结构 324 受到第一限位块 322 向下的推力作用，向下移动，从而打开上开口 21，饲料进入定量仓 2 内；当伸缩部 31 向上缩回时，如图 1-10-6 所示，上密封结构 324 受到入料口 21 限制，不发生移动，将入料口密封，饲料不再进入定量仓 2，而下密封结构 324 受到第二限位块 323 向上的作用力，向上移动，从而打开出料口 22，将定量仓 2 内的饲料全部放出，完成下料过程。

本装置还包括控制盒 4，控制盒 4 包括显示面板、操作面板、定时模块和下料控制模块；操作面板用于接收用户输入的定时信息，定时模块用于获取定时信息，并在定时信息规定的时间点启动下料控制模块，下料控制模块用于控制伸缩部 31 进行伸缩，完成下料过程。

操作面板还用于接收每次下料的体积信息，在下料前，根据体积信息，下料控制模块控制体积调整机构 22 改变定量仓 2 的体积，以实现不同饲料体积的精确下料。

可选的，也可人工手动在操作面板控制下料。

可选的，控制盒 4 还包括无线通信模块，每当进行一次下料过程，无线通信模块将包括本装置的编号、下料时间、下料量的信息发送至服务器。

上述控制盒 4 可设置在本装置附近任何适当位置；可选的，控制盒 4 也可通过遥控器或无线网络远程遥控操作。

本装置还包括料槽 5，料槽 5 设置于定量仓 2 下方。料槽 5 内设置有触动开关，当触动开关被触动时，启动下料控制模块，下料控制模块用于控制伸缩部 31 进行伸缩，完成下料过程。

增设触动开关后，本系统进一步增加了记录并反馈下料量的功能。每一次下料开关被触动，下料控制模块将当前定量仓 2 的体积及此次下料时间作为下料量信息发送至服务器 7，服务器 7 记录下料量信息，并绘制下料量－时间表格，用户可以通过客户端 6 随时查看上述表格。此外，客户端 6 可设置日总下料量，将其发送至服务器 7 后，服务器将日总下料量发送至下料控制模块，下料控制模块会记录当日每次的下料量并将它们累加，若达到预设的日总下料量，即使触动开关再次被触动，也不会再下料。

可选的，还可通过操作面板设置下料总次数，当下料总次数达到预设值时则不再下料。

综上可见，本研究提出的哺乳母猪精确下料系统，可以按照预设时间点，投放预定体积的饲料，可以满足哺乳母猪的进食需求，提高饲喂准确程度和饲喂效率，从而改善哺乳母猪的营养状况，提高养殖场产量。

本研究申请了国家专利保护，获得的专利授权号为：ZL 2015 1 0733650 1

1.11　一种哺乳母猪产床防滑地板

1.11.1　技术领域

本研究涉及畜牧养殖设备技术领域，特别是指一种哺乳母猪产床防滑地板。

1.11.2　背景技术

母猪在妊娠后进入哺乳期，哺乳母猪的健康，不但影响到母猪的产能，还会影响到仔猪的健康状况。因此，在母猪妊娠后，需要准备专用的产床进行护理。普通的产床地板没有有效的防滑措施，部分地板采用覆盖橡胶层的防滑办法，但是效果并不显著，仍然容易发生母猪滑倒摔伤、仔猪被母猪意外压死的问题；此外，现有技术中的母猪产床地板通常较为简单，没有充分考虑到补入母猪产床各区域的功能性区别。

1.11.3　解决方案

有鉴于此，本研究提出一种哺乳母猪产床防滑地板，用以实现哺乳母猪产床的有效防滑，保护母猪与仔猪的安全。

基于上述目的，本研究提出一种哺乳母猪产床防滑地板，产床防滑地板分为 3 个区域，由安放料槽的一端起依次为进食区、活动区和清洁区；活动区内均匀设置有防滑凹槽，防滑凹槽为矩形槽，深度不小于5毫米；活动区内与清洁区均匀设置有漏孔，漏孔为长圆孔，位于活动区内的漏孔均匀设置于防滑凹槽内。

进食区与活动区的长度比例范围不大于1/5。清洁区与活动区的长度比例范围不大于1/5。产床防滑地板大致呈一平面。清洁区向下凹陷，低于进食区和活动区所在平面；活动区与清洁区的连接处设置有平滑的倒角；清洁区远离活动区的一端向上凸起形成阻挡沿。漏孔的宽度不小于1厘米，不大于5厘米；漏孔的长度不小于其宽度的2倍。漏孔长度与宽度的比值范围为3~10。防滑地板的上表面覆盖有防滑覆层。

从上面可以看出，本研究提出的一种哺乳母猪产床防滑地板，通过分段式的设计，将地板划分为3个区域。进食区设置为平整结构，对于母猪经常运动的活动区，在地板上设置防滑凹槽进行防滑处理，而处理便溺的清理区则保持平整；整个地板功能划分明确，可以有效防止哺乳母猪打滑，可以有效保证哺乳母猪的活动量，同时确保母猪与仔猪的安全。

1.11.4 附图说明

具体结构和功能说明如下。

图1-11-1为一种哺乳母猪产床防滑地板的立体示意图；图1-11-2为一种哺乳母猪产床防滑地板的俯视图；图1-11-3为一种哺乳母猪产床防滑地板的侧视图。如图所示，产床防滑地板分为3个区域，由安放料槽的一端（在本申请中

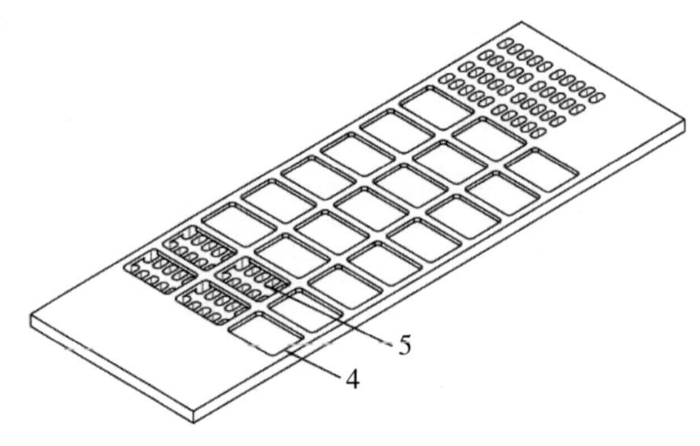

图 1-11-1　一种哺乳母猪产床防滑地板的立体示意图

4- 防滑凹槽；5- 漏孔

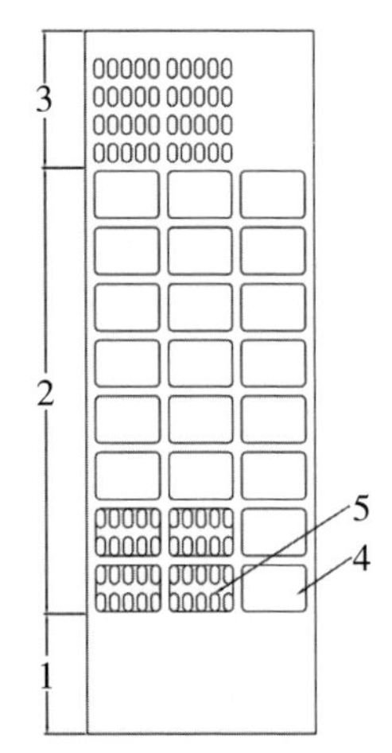

图 1-11-2　一种哺乳母猪产床防滑地板的俯视图

1- 进食区；2- 活动区；3- 清洁区；4- 防滑凹槽；5- 漏孔

涉及“前”“后”的方位时，前端均指代安放料槽的一端，后端则指代与前端相对的另一端）起依次为进食区 1、活动区 2 和清洁区 3；活动区 2 内均匀设置有防滑凹槽 4，防滑凹槽 4 为矩形槽，深度不小于 5 毫米；活动区 2 内与清洁区 3 均匀设置有漏孔 5，漏孔 5 为长圆孔，位于活动区 2 内的漏孔 5 均匀设置于防滑凹槽 4 内。

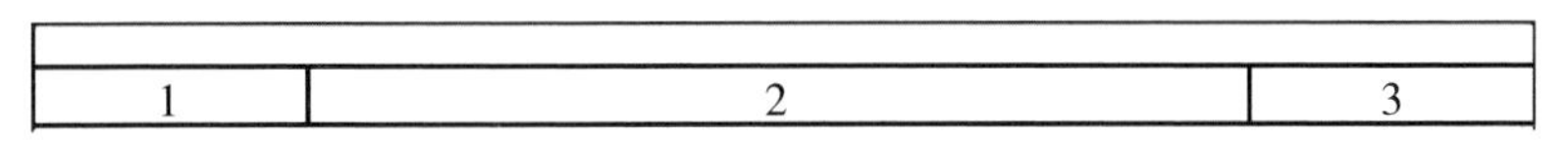

图 1-11-3　一种哺乳母猪产床防滑地板的侧视图

1- 进食区；2- 活动区；3- 清洁区

进食区 1 是为了哺乳母猪在进食时前肢踩踏，母猪在排泄时粪尿并不会位于此处，因此不需要设置漏孔 5；为了防止母猪前肢打滑，可以在进食区 1 上表面铺设防滑层（如橡胶垫）等。活动区 2 是母猪主要活动的区域，包括小范围的移动、躺卧、站立等，因此要保证活动区 2 内有效的防滑措施，本实施例中在活动区 2 设置有均匀的防滑凹槽 4，母猪在由躺卧状态尝试站立时，蹄部可以卡合在防滑凹槽 4 的边沿而借力，从而避免打滑。清洁区 3 位于防滑地板后端，主要用于承接哺乳母猪的便溺，以及供外部自动清理设备对于便溺进行自动清理（主要是通过刮粪板横向刮过而清理），此部分母猪通常不会踩在上面，为了保证清理设备运行顺畅，所以不设置防滑凹槽 4。漏孔 5 的作用是将便溺中的流体部分漏下并由下方的通道收集，固体部分则统一清理至清洁区 3 后，有清理设备自动清理。

在一些可选的实施例中，漏孔 5 的宽度不小于 1 厘米，不大于 5 厘米；漏孔 5 的长度不小于其宽度的 2 倍。

可选的，漏孔 5 长度与宽度的比值范围为 3~10。

可选的，防滑地板的上表面覆盖有防滑覆层。

从上面可以看出，本实施例提供的一种哺乳母猪产床防滑地板，通过分段式的设计，将地板划分为 3 个区域。进食区设置为平整结构，对于母猪经常运动的活动区，在地板上设置防滑凹槽进行防滑处理，而处理便溺的清理区则保持平整；整个地板功能划分明确，可以有效防止哺乳母猪打滑，可以有效保证哺乳母猪的活动量，同时确保母猪与仔猪的安全。

在一些可选的实施例中，进食区 1 与活动区 2 的长度比例范围不大于 1/5。清洁区 3 与活动区 2 的长度比例范围不大于 1/5。为了充分保证母猪的活动区域大小，避免母猪非进食时间过多在进食区 1 活动，或过多在清洁区 3 活动，需要对进食区 1、活动区 2 和清洁区 3 的长度关系做一限定。

在一些可选的实施例中，参考图 1–11–3，产床防滑地板大致呈一平面。这里“大致呈一平面”的含义是，产床防滑地板的主体处于一平面上，而防滑地板上的防滑凹槽等，则是在这个平面基础上进行的改进，从图 1–11–3 的侧视图也可以清楚地看出地板主体并没有发生弯折。

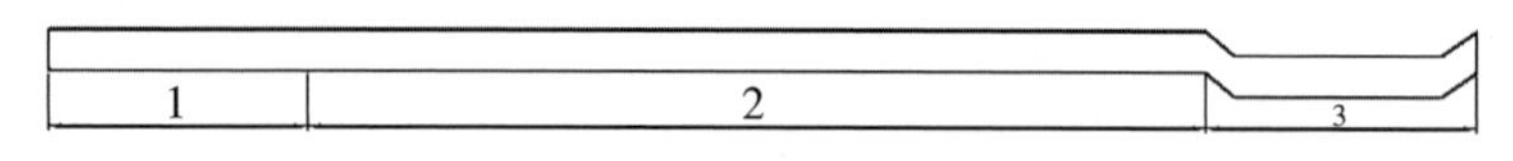

图 1–11–4　一种哺乳母猪产床防滑地板的另一侧视图

1– 进食区；2– 活动区；3– 清洁区

图 1-11-4 为本研究提供的一种哺乳母猪产床防滑地板的另一实施例的侧视图。如图所示，在另一可选的实施例中，清洁区 3 向下凹陷，低于进食区 1 和活动区 2 所在平面；活动区 2 与清洁区 3 的连接处设置有平滑的倒角；清洁区 3 远离活动区 2 的一端向上凸起形成阻挡沿。

对于基础的实施例的描述中已经解释过，清洁区 3 的功能是承接母猪便溺，供清理设备清理；为了保证便溺可以顺利进入清洁区 3，且不会随意外流，本实施例将清洁区 3 设置为凹陷式结构，通过在活动区 2 和清洁区 3 的连接处设置平滑的倒角，可以保证便溺由活动区 2 顺利进入清洁区 3；通过在清洁区 3 远端设置阻挡沿，可以保证便溺不会从清洁区远端外流。

本研究申请了国家专利保护，获得的专利授权号为：ZL 2016 0 1401000 3

1.12 一种哺乳母猪福利产床

1.12.1 技术领域

本研究涉及畜牧养殖设备技术领域，特别是指一种哺乳母猪福利产床。

1.12.2 背景技术

现有的哺乳母猪产床，通常通过一固定栏将产床划分为母猪活动区和仔猪活动区，母猪在母猪活动区进行进食、哺乳，仔猪在仔猪活动区内活动。但是，现有的哺乳母猪产床中，母猪活动区范围很小，只能容许母猪站立和躺卧，长期如此母猪易因活动量不足引发各种疾病；而固定栏也无法完全隔绝仔猪与母猪的活动范围，仔猪常进入母猪活动区活动，可能在母猪躺卧时被压到。

1.12.3　研究内容

有鉴于此，本研究提出一种哺乳母猪福利产床，用以解决现有产床母猪活动范围不足的问题。

基于上述目的本研究提出的一种哺乳母猪福利产床，包括：栏体，栏体围成矩形产床空间；栏体底部设置有产床地板；活动栏，一端转动连接至产床空间的长边中部；产床地板上设置有至少两个锁定点，活动栏的另一端可拆卸连接至锁定点上；活动栏将产床空间划分为仔猪活动区和母猪活动区；栏门，设置于母猪活动区旁的栏体上，供母猪进出。

仔猪活动区旁的栏体中下部，设置有板状、百叶窗状或栏状的仔猪挡板。

活动栏包括 2 个立柱、至少 1 个横杆和至少 1 个防压杆；横杆设置于立柱之间，共同构成活动栏的主体结构；防压杆设置于立柱之间，位于活动栏中下部，防压杆中部朝向母猪活动区凸出。

活动栏还包括限位杆、定位标尺和定位销；限位杆设置于立柱之间，位于防压杆下方，限位杆两端均与立柱转动连接；

限位杆中部朝向仔猪活动区凸出；定位标尺下端转动连接至限位杆中部，定位标尺上部设置有至少 2 个定位孔；横杆上设置有与定位孔配合的定位销；当定位销与不同定位孔配合固定时，限位杆的凸出部分处于不同高度。

从上面可以看出，本研究提出的哺乳母猪福利产床，充分考虑到了哺乳母猪的生活状态，通过设置可转动的活动栏，实现了对于哺乳母猪活动空间大小的调节；同现有技术的产床相比，使用更加灵活，在不占用更多空间的前提下，达到了哺乳母猪的活动需求，满足动物福利。

1.12.4 附图说明

具体结构和功能说明如下。

图 1-12-1 为本研究提出的一种哺乳母猪福利产床的立体

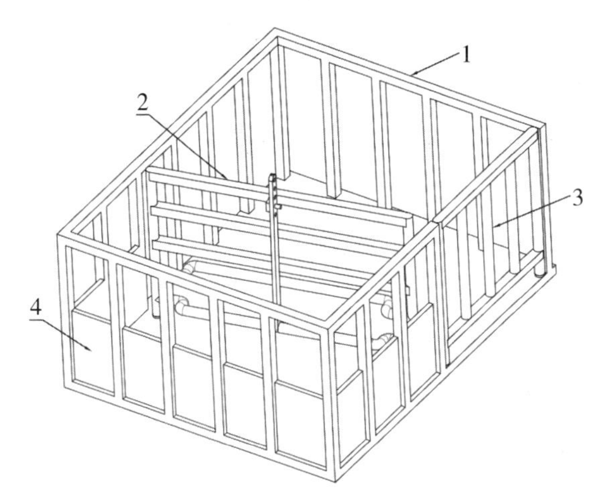

图 1-12-1 一种哺乳母猪福利产床的立体示意图

1- 栏体；2- 活动栏；3- 栏门；4- 仔猪挡板

示意图；图 1-12-2 为本研究提出的一种哺乳母猪福利产床在第一使用状态的俯视图；图 1-12-3 为本研究提出的一种哺乳母猪福利产床在第二使用状态的俯视图。

如图所示，一种哺乳母猪福利产床，包括：栏体 1，栏体 1 围成矩形产床空间；栏体 1 底部设置有产床地板；活动栏 2，一端转动连接至产床空间的长边中部；产床地板上设置有至少 2 个锁定点 13，活动栏 2 的另一端可拆卸连接至锁定点 13 上；活动栏 2 将产床空间划分为仔猪活动区 11 和母猪活动区 12；栏门 3，设置于母猪活动区 12 旁的栏体 1 上，供母猪进出。

还可以设置母猪用饲喂栏和仔猪用饲喂栏等，分别设置在母猪活动区 12 和仔猪活动区 11 旁的栏体 1 上即可。

参考图 1-12-1 至图 1-12-3 所示，活动栏 2 的两端分别有一处立柱，其中，1 个立柱转动连接至产床空间的长边所在侧，位于栏体 1 旁；而另一个立柱则可拆卸连接至锁定点 13 上。锁定点 13 固定设置于产床地板上，与设置有转动立柱相对的另一长边附近，应满足每个锁定点 13 与上述转动立柱之间的距离均相同，才能保证活动栏 2 的固定。

下面结合附图，对研究提出的哺乳母猪福利产床的工作方式进行说明。如图 1-12-2 所示，当需要对母猪进行饲喂，或对仔猪进行哺乳时，可以将活动栏 2 的可活动端固定至靠近母猪活动区 12 的锁定点 13 上，此时母猪活动区 12 的范围小，不会进行大的动作，可以保证饲喂进食以及哺乳的顺利进

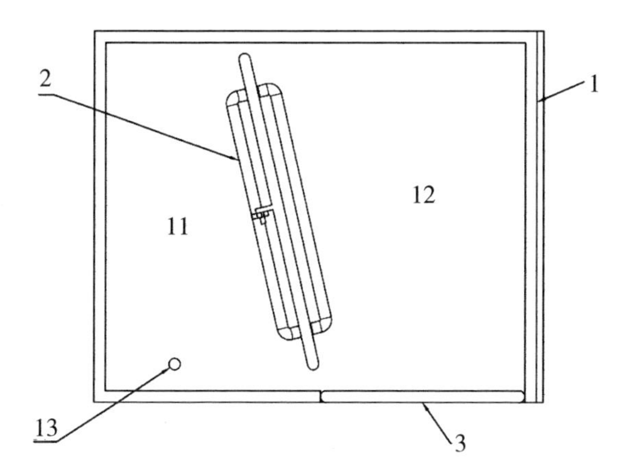

图 1-12-2　一种哺乳母猪福利产床在第一使用状态的俯视图

1- 栏体；2- 活动栏；3- 栏门；11- 仔猪活动区；12- 母猪活动区

行，还可以一定程度上防止母猪翻身等行为伤害仔猪；如图 1-12-3 所示，当需要母猪进行活动时，可以将活动栏 2 的可活动端固定至靠近仔猪活动区 11 的锁定点 13 上，此时母猪活动区 12 范围大，母猪可以站立活动。

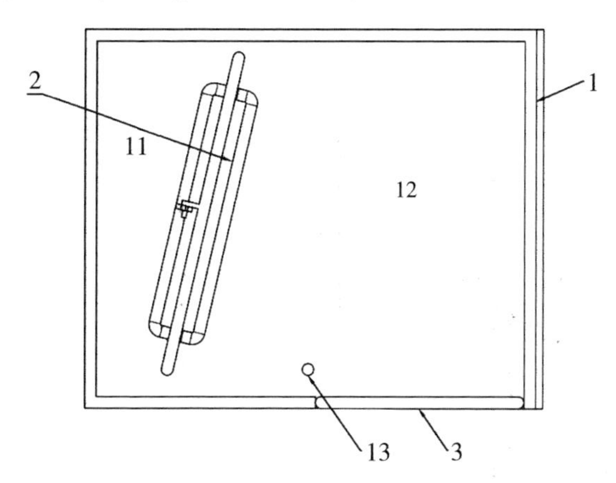

图 1-12-3　一种哺乳母猪福利产床在第二使用状态的俯视图

1- 栏体；2- 活动栏；3- 栏门；11- 仔猪活动区；12- 母猪活动区；13- 锁定点

从上面可以看出，本实施例提出的哺乳母猪福利产床，充分考虑到了哺乳母猪的生活状态，通过设置可转动的活动栏，实现了对于哺乳母猪活动空间大小的调节；同现有技术的产床相比，使用更加灵活，在不占用更多空间的前提下，达到了哺乳母猪的活动需求，满足动物福利。

参考图 1–12–1 所示，在一些可选的实施例中，仔猪活动区 11 旁的栏体 1 中下部，设置有板状、百叶窗状或栏状的仔猪挡板 4。

一方面，仔猪体形较小，若要防止仔猪跑出产床外则产床围栏要设置的较为密集，造成不必要的材料浪费；另一方面，仔猪体弱，需要额外提高保暖措施。因此，本实施例在仔猪活动区 11 旁的栏体 1 中下部设置了仔猪挡板 4；仔猪挡板 4 一方面可以防止仔猪跑出产床外，另一方面可以达到一定挡风御寒效果，保证仔猪体温，预防疾病。

需要说明的是，由于活动栏 2 是可转动的，因此，仔猪活动区 11 的大小是可改变的，在设置仔猪挡板 4 时，应当以仔猪活动区 11 的最大范围为准。

图 1–12–4 为本研究提出的一种哺乳母猪福利产床活动栏的立体示意图；图 1–12–5 为本研究提出的一种哺乳母猪福利产床活动栏在第一状态下的侧视图；图 1–12–6 为本研究提出的一种哺乳母猪福利产床活动栏在第二状态下的侧视图。

如图所示，在一些可选的实施例中，活动栏 2 包括 2 个立

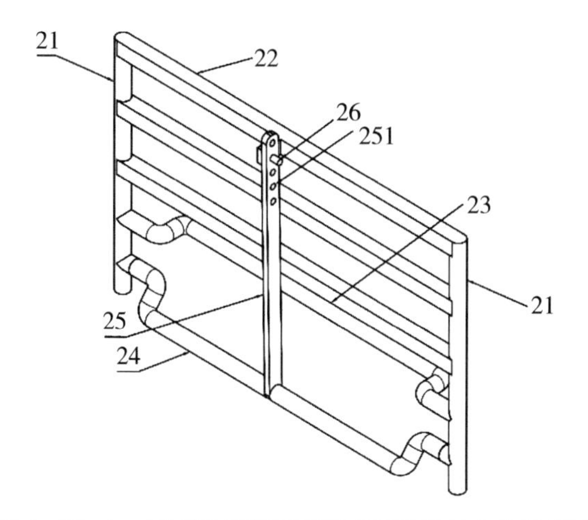

图 1-12-4　种哺乳母猪福利产床活动栏的立体示意图

21- 立柱；22- 横杆；23- 防压杆；24- 限位杆；25- 定位标尺；26- 定位销；251- 定位孔

柱 21、至少 1 个横杆 22 和至少 1 个防压杆 23；横杆 22 设置于立柱 21 之间，共同构成活动栏 2 的主体结构；防压杆 23 设置于立柱 21 之间，位于活动栏 2 中下部，防压杆 23 中部朝向母猪活动区 12 凸出。

活动栏 2 的具体结构说明如下。

为了防止母猪躺卧哺乳时意外压到仔猪，在活动栏 2 中下部位置设置有防压杆 23，且防压杆 23 中部朝向母猪活动区 12 一侧凸出。当母猪躺卧时，若靠近活动栏 2，则会躺卧至防压杆 23 上，不会直接躺卧至产床地板，可以有效防止压到仔猪。

在一些可选的实施方式中，活动栏 2 还包括限位杆 24、定位标尺 25 和定位销 26；限位杆 24 设置于立柱 21 之间，位于防压杆 23 下方，限位杆 24 两端均与立柱 21 转动连接；限位杆 24 中部朝向仔猪活动区 11 凸出；定位标尺 25 下端转动连接至限位杆 24 中部，定位标尺 25 上部设置有至少 2 个定位孔 251；横杆 22 上设置有与定位孔 251 配合的定位销 26；当定位销 26 与不同定位孔 251 配合固定时，限位杆 24 的凸出部分处于不同高度。

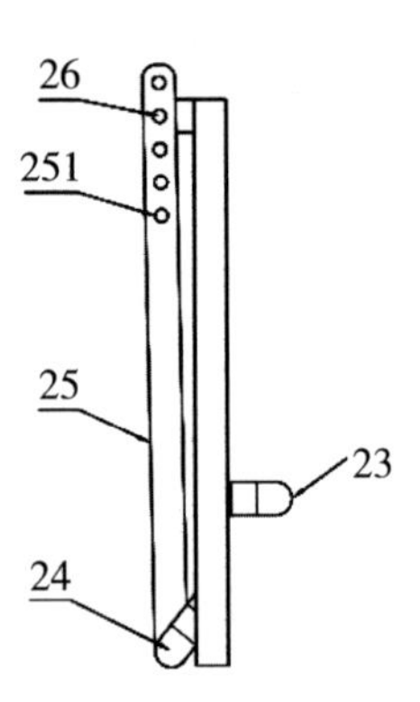

图 1-12-5　一种哺乳母猪福利产床活动栏在第一状态下的侧视图

23- 防压杆；24- 限位杆；25- 定位标尺；26- 定位销；251- 定位孔

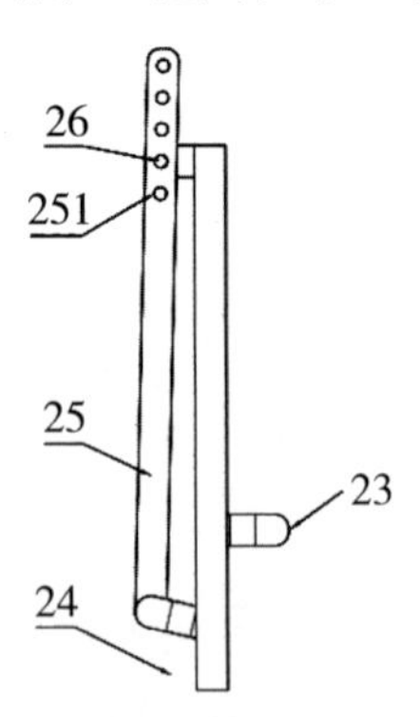

图 1-12-6　一种哺乳母猪福利产床活动栏在第二状态下的侧视图

23- 防压杆；24- 限位杆；25- 定位标尺；26- 定位销；251- 定位孔

参考图 1–12–5、图 1–12–6 所示，在本实施方式中，进一步在防压杆 23 下方设置有限位杆 24，限位杆 24 在放低时，可以阻挡仔猪通过，保证母猪自由活动，在抬高时，则可以允许仔猪通过，方便母猪进行哺乳。为了适应仔猪体型变化，本实施例采用定位标尺 25 对限位杆 24 的高度进行调整，当定位标尺 25 的不同定位孔 251 与设置于顶部横杆 22 上的定位销 26 进行配合固定时，限位杆 24 会通过转动从而固定于不同高度，从而可以避免不同体形仔猪穿越限位杆 24。

本研究申请了国家专利保护，获得的专利授权号为：ZL 2017 2 0216432 5

2 其他畜禽养殖与通用设备相关专利技术

2.1 一种饲料投放装置

2.1.1 技术领域

本研究涉及养殖设备领域，特别是指一种饲料投放装置。

2.1.2 背景技术

目前，随着畜禽养殖业的快速发展，对于畜禽业养殖设施产品的需求量持续提高，推动了养殖的智能化与数字化技术的应用。为了适应技术的变革，在养殖业中引进现代化设备就成了养殖户提升生产效率、降低劳动力成本的必经之路。在诸多现代化畜禽养殖设备中，饲料投放装置是每个养殖场都必不可少的设备。许多大型养殖场配备使用的饲料投放装置现代化程度高，但价格昂贵，超出了大多数中小型养殖场的经济承受能力。一部分国内中小型养殖场只是采用了自动饮水设备或采用输送带运送饲料，并不能实现精确地投放饲料。绝大多数中小型养殖场仍然采用传统的人工饲喂方式，如人力车输送饲料，人工挖取饲料进行投放，人工投放方式规模化、自动化程度低，饲喂效率低，用工劳动强度大，只是凭感觉判断饲料量的多少，投放饲料量不精确。如果投放过少，会对畜禽的生长发育造成影响，而如果投放过量，则会造成饲料浪费、饲养成本增高等问题。

2.1.3 解决方案

有鉴于此，本研究提出一种饲料投放装置，实现精确控制饲料投放，减少饲料浪费降低饲养成本的作用。

基于上述目的本研究提出的一种饲料投放装置，包括：称重料斗、电动插门、电机、光电转速传感器、转鼓和料槽漏斗。

称重料斗上安装有称重传感器，称重料斗的出料嘴处设有电动插门；称重料斗的出料嘴下方紧邻设置有一个转鼓；转鼓包括：转鼓中轴，转筒和凹槽；转筒为圆柱体；转筒外表面等间距设置数列凹槽，每列包含等间距设置的数个凹槽；转筒能够以转鼓中轴为轴旋转；转鼓的中轴连接到电动机，转鼓下方设置有料槽漏斗，料槽漏斗内侧水平对齐转筒的位置上装有光电式转速传感器，料槽漏斗的出料口对准食槽或其他需要投放饲料的位置；光电转速传感器、电动机、电动插门和称重漏斗中的称重传感器都与智能控制器相连。

饲料投放装置能够组合使用，包括：第一称重料斗、第一电动插门、第一电机、第一光电转速传感器和第一转鼓、第二称重料斗、第二电动插门、第二电机、第二光电转速传感器和第二转鼓并共用一只料槽漏斗。

其特征在于，称重料斗为振动式称重料斗。

称重传感器持续监测称重料斗中剩余饲料的质量，并将信号发送至智能管理器，当剩余饲料的质量不大于最低工作质量时，智能控制器关闭电动插门并发出提示音。

转筒为中空结构。

光电转速传感器为反射式或投射式。

智能控制器根据光电传感器反馈的转筒转速信息来调整电动机的转速。

称重传感器安装在称重料斗的支架或吊架上。

转筒外表面设置有等间距的6列，每列等间距的4个，共24个凹槽。

光电转速传感器为反射式，转筒靠近光电式转速传感器的一侧端面上贴有一个以上的反光片，反光片等沿端面的圆形外沿等间距排列，每当反光贴纸通过光电传感器前时，光电传感器的输出信号就会跳变一次并传送到智能控制器，智能控制器根据单位时间内检测到反光片的次数除以反光片的个数即可得到单位时间内转筒转动的次数，即转筒转速。

从上面可以看出，本研究提出的饲料投放装置使用称重料斗预先装入一定质量的饲料，通过智能控制器控制电动插门开关，以及光电转速传感器的反馈信息来控制电动机的转速。电动机带动转鼓旋转，并通过设置于转筒上的凹槽匀速地排出饲料，排出的饲料通过料槽漏斗集中并投放到指定位置，完成饲料的精确定量投放。称重料斗上置有称重传感器，若剩余饲料低于设定的最低质量则停止投放饲料并发出提示音，这种将称重传感器与凹槽容积计量相结合的方式可以大大提高饲料投放的精度，确保畜禽的正常进食，减少饲料浪费并降低饲养成本。根据现实需要，本研究提出的饲料投放装置能够实现多种饲料投放模式。在使用至少两组装置时，能够实现连续不间断地匀速投放饲料或直接将至少两种饲料按比例均匀混合投放，不仅可以大大提高饲料的投放效率，还能够精确控制饲料投放的速度和比例，起到减少饲料浪费、降低饲养成本的作用。

2.1.4 附图说明

具体结构和功能说明如下。

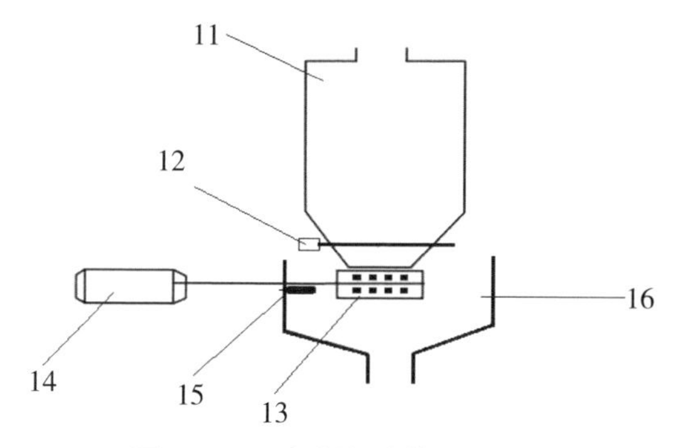

图 2-1-1 饲料投放装置结构图

11- 称重料斗；12- 电动插门；13- 转鼓；14- 电机；15- 光电转速传感器；16- 料槽漏斗

如图 2-1-1 所示为饲料投放装置结构图，包括：称重料斗 11、电动插门 12、电机 14、光电转速传感器 15、转鼓 13 和料槽漏斗 16。

称重料斗 11 的支架或吊架上安装有称重传感器，称重传感器为将质量信号转变为可测量电信号并输出的装置。称重料斗 11 的出料嘴处设有电动插门 12，电动插门 12 用以控制称重料斗 11 放料。称重料斗 11 为振动式称重料斗，振动式称重料斗在放料时产生振动，能够有效消除放料时物料的起拱、堵塞和粘仓现象，解决排料难的问题。称重料斗 11 的出料嘴处安装一个转鼓 13，出料嘴紧邻转鼓 13 上，二者紧密接触，使饲料不会从接触面间的缝隙中漏出。

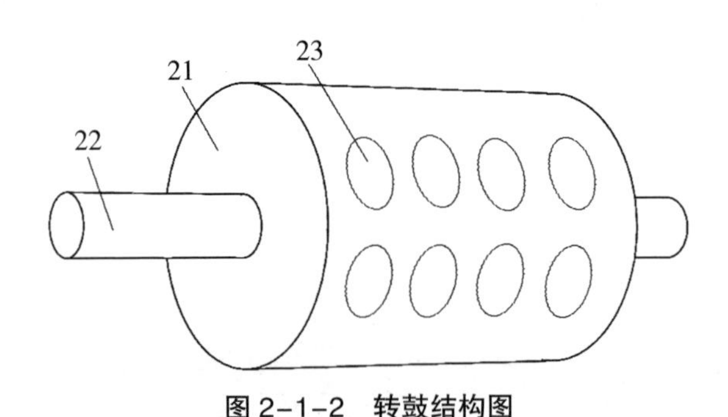

图 2-1-2　转鼓结构图

21- 转筒转鼓中轴；22- 转鼓中轴；23- 凹槽

如图 2-1-2 所示，为转鼓结构图，包括：转鼓中轴 22，转筒 21 和凹槽 23。转筒 21 为圆柱体。转筒 21 为中空结构以减少材料的使用并降低重量。转筒 21 外表面等间距设置数列凹槽23，每列包含等间距设置的数个凹槽23。凹槽23的容积为3~6立方厘米，不宜过大，否则其中的饲料不易排净，会造成误差。优选的，凹槽23的容积为5立方厘米。转鼓13的中轴22穿过转筒21的中轴线，中轴22起到支撑作用并可以带动转筒21旋转。

转鼓13的中轴22连接到电动机14，电动机14通过中轴22带动转鼓13整体转动。转鼓13下方设置有料槽漏斗16，料槽漏斗16的出料口对准食槽或其他需要投放饲料的位置。料槽漏斗16内侧对齐转筒21的位置上装有光电式转速传感器15。光电转速传感器15、电动机14、电动插门12和称重漏斗16中的称重传感器都与外部的智能控制器相连，由智能控制器进行控制。光电式转速传感器15为一种角位移传感器，具有非接触、高精度、响应快等优点，用于将检测到的转筒转速信息传送到智能控制器。光电转速传感器15为反射式或投射式。若光电转速传感器为反射式，则转筒21靠近光电式转速传感器的一侧端面上贴有一个以上的反光片，反光片等沿端面的圆形外沿等间距排列，每当反光贴纸通过光电传感器前时，光电传感器的输出信号就会跳变一次并传送到智能控制器，智能控制器根据单位时间内检测到的反光片次数除以反光片的个数即可得到单位时间内转筒21转动的次数，即转筒转速。

使用时，根据称重料斗11上安装的称重传感器的读数，预先投入一定质量的饲料。智能控制器将电动插门12打开，由于称重料斗11的出料嘴紧邻转鼓13的转筒21上，所以饲料并不会撒漏出来。智能控制器控制电动机14按一定速度转动。电动机14带动转筒21转动，转筒21上的凹槽23由于饲料本身的重力作用被填满，随着转筒21的转动，凹槽23中的饲料掉落到料槽漏斗16中，料槽漏斗16将落下的饲料集中投放到指定位置。称重传感器持续监测称重料斗11中剩余饲料的质量，如果剩余饲料的质量不大于最低工作质量则说明称重漏斗11中的剩余饲料不足以提出足够的压力将饲料均匀地填满凹槽23，这时智能控制器会关闭电动插门12停止投放饲料并发出提示音，提醒补充饲料。可见由于在饲料投放时，智能控制器对电动机14转速进行控制并结合称重传感器的称量数据，可以实现对饲料的精确投放。

智能控制器根据转筒21的转速和凹槽23的数量及容积来计算出料的速度。转筒21外表面设置等间距的6列，每列4个，共24个凹槽23，每个凹槽23的容积为5立方厘米。饲料的密度一般轻于水，普遍在500~800千克/立方米。设饲料的密度为500千克/立方米，即0.5克/立方厘米。智能控制器根据光电传感器15反馈的转筒21转速信息来调整电动机14的转速，若电动机14转速大于设定转速，则减慢电动机14的转速，反之，则增加电动机14转速。设定转速为0.167rps，即6秒每转。每6秒，转筒21旋转一周，共计投放24个凹槽23中的饲料，每个凹槽23容积为5立方厘米，即投放饲料的总体积为120立方厘米，总质量为60克。换算为每秒有4个凹槽23投放饲料，即每秒投放20立方厘米，10克的饲料。根据饲养畜禽种类和体积的差异，一般每次投喂饲料的质量在1~3千克，由此可知使用本研究实施例提出的饲料投放装置一般需要100~300秒来完成饲料投放作业，即需要1.5~5分钟，作业时间比较短，投放量非常精准，相比人工操作要更加省时省力，可以减少饲料的浪费，节约大量的饲养成本。

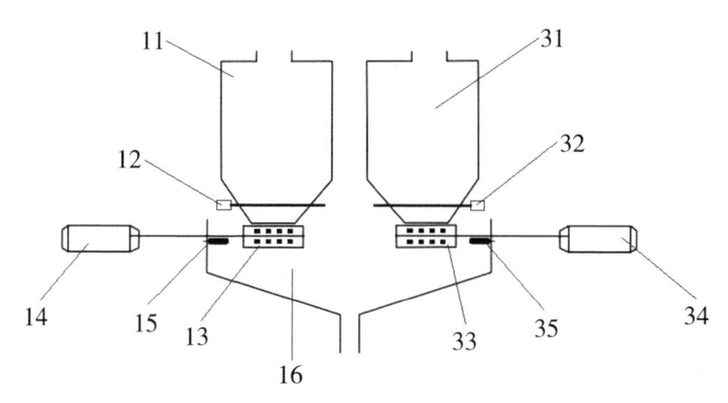

图2-1-3　饲料投放装置组合结构图

11-称重料斗；12-电动插门；13-转鼓；14-电机；15-光电转速传感器；16-料槽漏斗；31-第二称重料斗；32-第二电动插门；33-第二转鼓；34-第二电机；35-第二光电转速传感器

在实际畜禽饲养过程中，根据畜禽的种类和生长时期的具体要求，饲料有不同的投放模式。在一些种类的畜禽饲养过程中，需要不停地匀速投放饲料。而一个称重料斗11的容积有限，如果停下来单独补料则会造成饲料投放的中断，影响畜禽发育。在这种情况下，将至少两组饲料投放装置组合使用。

如图 2-1-3 所示，为本研究实施例饲料投放装置组合结构图，包括：第一称重料斗 11、第一电动插门 12、第一电机 14、第一光电转速传感器 15 和第一转鼓 13、第二称重料斗 31、第二电动插门 32、第二电机 34、第二光电转速传感器 35 和第二转鼓 33 并共用一只料槽漏斗 16。第一称重料斗 11 上安装的称重传感器持续向智能控制器发送称重信号，当第一称重料斗 11 中的剩余饲料匀速减轻至最低工作质量时，智能控制器接收到最低工作质量的称重信号，立即停止第一称重料斗 11 的饲料投放，关闭其对应的第一电动插门 12，之后启动第二称重料斗 31 继续匀速地投放饲料。在第二称重料斗 31 投放饲料的同时，为第一称重料斗 11 补充饲料，如此依次交替补充和投放饲料，以保证饲料持续不断地供给。

在实际畜禽饲养过程中，还经常会出现需要将多种不同的饲料按质量比例进行混合的情况，这种情况下如果饲料混合的比例不够精确，会造成饲料的浪费并影响畜禽的生长发育。将至少两组饲料投放装置组合使用。如图 2-1-3 所示，为本研究实施例饲料投放装置组合结构图，包括：第一称重料斗 11、第一电动插门 12、第一电机 14、第一光电转速传感器 15 和第一转鼓 13、第二称重料斗 31、第二电动插门 32、第二电机 34、第二光电转速传感器 35 和第二转鼓 33 并共用一只料槽漏斗 16。第一称重料斗 11 和第二称重料斗 31 中分别装入需要混合的饲料，之后智能控制器根据具体所需的饲料质量调整第一电动机 14 和第二电动机 34 的转速，使两种以上的饲料在投放时即可直接在料槽漏斗 16 中实现均匀混合，无须烦琐的人工称重、混合、搅拌等步骤。由此可见，使用本研究实施例提出的饲料投放装置不仅可以大大提高饲料的投放效率，还可以精确控制不同饲料投放的比例，起到减少饲料浪费、降低饲养成本的作用。

设能量饲料和蛋白质饲料需要按 2∶1 的比例混合投放，总投放量为 1.5 千克，能量饲料的密度为 500 千克 / 立方米，蛋白质饲料的密度为 800 千克 / 立方米。即需要将 2 000 立方厘米，1 千克的能量饲料和 625 立方厘米，0.5 千克的蛋白质饲料混合并投放。使用图 2–1–3 所提出的饲料投放装置组合来完成该作业，作业过程为：根据第一称重料斗 11 的称重传感器的读数向其中投入略高于 1 千克的能量饲料，根据第二称重料斗 31 的称重传感器的读数向其中投入略高于 0.5 千克的蛋白质饲料。智能控制器根据对应的光电转速传感器的反馈信息控制对应的电动机的转速：第一电动机 14 转速为 0.167rps，由于蛋白质饲料的投放体积为能量饲料的 31.35%，所以第二电动机 34 的速度设为 0.052rps。经过 100 秒，即 1.7 分钟可以完成两种饲料的按比例混合投放作业。

综上，本研究实施例提出的饲料投放装置使用称重料斗预先装入一定质量的饲料，通过智能控制器控制电动插门开关，以及光电转速传感器的反馈信息来控制电动机的转速。电动机带动转鼓旋转，并通过设置于转筒上的凹槽匀速地排出饲料，排出的饲料通过料槽漏斗集中并投放到指定位置，完成饲料的精确定量投放。称重料斗上置有称重传感器，若剩余饲料低于设定的最低质量则停止投放饲料并发出提示音，这种将称重传感器与凹槽容积计量相结合的方式可以大大提高饲料投放的精度，确保畜禽正常进食，减少饲料浪费并降低饲养成本。根据现实需要，本研究提出的饲料投放装置能够实现多种饲料投放模式。在使用至少两组装置时，能够实现连续不间断地匀速投放饲料或直接将至少两种饲料按比例均匀混合投放，不仅可以大大提高饲料的投放效率，并且能够精确控制饲料投放的速度和比例，起到减少饲料浪费、降低饲养成本的作用。

本研究申请了国家专利保护，专利申请号为：2018 2 0278220 4

2.2 一种饲料供料转接装置

2.2.1 技术领域

本研究涉及畜禽饲养配套装置相关技术领域，特别是指一种饲料供料转接装置。

2.2.2 背景技术

当前，随着科学技术以及社会需求的不断发展，人们对于物质生活的需求也越来越高，其中，一个较为明显的现象集中体现在对各类畜禽的需求上，不论是作为宠物还是屠宰畜禽。为了面对不断增长的需求，当前的饲养公司或者机构都是采用批量饲养的方式，而为了使得畜禽能够健康、快速成长，畜禽的规律饲养尤为关键。

但是，当前对于畜禽饲养方面，畜禽的食料或者饲料转移的过程由于畜禽饲养环境的复杂性，要么采用人工搬运的方式，要么采用设计复杂的供料系统，前者会耗时耗力，增加饲养的人工成本，后者的供料系统虽然节约人工成本，但是供料系统设计、加工的经济成本也会大大增加。因此，在实现本研究的过程中，发明人发现现有技术至少存在以下缺陷：饲料供料过程不够简洁，成本过于高昂，不利于畜禽饲养成本的降低，也即降低了畜禽饲养的经济效益。

2.2.3 解决方案

有鉴于此，本研究提出一种饲料供料转接装置，能够提出一种结构简便、成本较低的供料装置，降低畜禽饲养过程中尤其是供料过程中的成本。

基于上述目的本研究提出的一种饲料供料转接装置，包括：饲料罐、罐下料斗、输料管；饲料罐设置于罐下料斗的上方，用于使得饲料罐中的饲料能够进入到罐下料斗中；输料管的入口端设置于罐下料斗内，输料管的出口端穿过并从罐下料斗内伸出；输料管的入口端设置有上料开口，用于使得罐下料斗内的饲料通过上料开口进入到输料管中；输料管内设置有绞龙，且输料管的入口端对应的端部设置有与绞龙配合的绞龙尾轴和末端电机，末端电机通过绞龙尾轴带动绞龙旋转，用于驱动绞龙将输料管入口端的饲料传输到出口端。

饲料罐为漏斗状结构，且使得饲料罐对应漏斗状结构的出口与罐下料斗连接。

饲料罐与罐下料斗之间设置有过滤网，过滤网用于过滤大颗粒的饲料或饲料中的杂质。

输料管为倾斜设置，且输料管沿入口端到出口端逐渐升高。

绞龙尾轴包括内圈和外圈，绞龙尾轴的外圈与输料管固定连接，绞龙尾轴的内圈与绞龙固定连接。

输料管的入口端对应的端部沿与出口端相反方向从罐下料斗内伸出，用于使得绞龙尾轴和末端电机设置于罐下料斗的外部。

输料管对应上料开口的位置设置有套管，套管与输料管配合连接且能够相对输料管滑动，用于调节上料开口的大小。

输料管的出口端对应设置有用于存放饲料的定量桶或者料槽。

罐下料斗内还设置有导料板，用于将罐下料斗内的饲料引导进入到输料管中。

从上面可以看出，本研究提出的饲料供料转接装置通过设置有输料管和绞龙，使得通过末端电机可以带动绞龙转动，进而带动输料管内的饲料在输料管内传输，这样，不仅可以实现饲料传输供料的自动化，提高供料的效率，而且基于绞龙的传输结构稳定，使得饲料的传输供料也稳定可靠。此外，本研究饲料供料转接装置结构简单，材料或零件容易获取，因此，加工制造的成本较低。因此，本研究提出的饲料供料转接装置结构简便、成本低廉，大大降低了畜禽饲养过程中尤其是供料过程中的成本。

2.2.4 附图说明

具体结构和功能说明如下。

参照图 2-2-1 和图 2-2-2，分别为本研究提出的饲料供料转接装置的主视图和俯视图。本研究设计了一种结构简便，效率较高的自动送料装置，不仅能够提高饲料供料效率，而且能够节约大量的人力物力。具体的，饲料供料转接装置包括：饲料罐 1、罐下料斗 2、输料管 3；饲料罐 1 设置于罐下料斗 2 的上方，用于使得饲料罐 1 中的饲料能够进入到罐下料斗 2 中，也即饲料罐 1 为长期存储饲料的一个容器，对应的罐下料斗 2 是专门用于本研究转接装置中饲料供料的一个转接容器。输料管 3 的入口端设置于罐下料斗 2 内，输料管 3 的出口端穿过并从罐下料斗 2 内伸出；输料管 3 的入口端设置有上料开口 31，用于使得罐下料斗 2 内的饲料通过上料开口 31 进入到输料管 3 中，因此，输料管 3 有部分结构是放置于罐下料斗 2 内的，通过在输料管 3 上开设一个上料开口 31，使得罐下料斗 2

内的饲料能够方便地进入到输料管 3 中。输料管 3 内设置有绞龙 32，且输料管 3 的入口端对应的端部设置有与绞龙 32 配合的绞龙尾轴和末端电机 4，末端电机通过绞龙尾轴带动绞龙 32 旋转，用于驱动绞龙 32 将输料管 3 入口端的饲料传输到出口端。因此，设置于饲料罐 1 中的食料基于重力作用会落入到罐

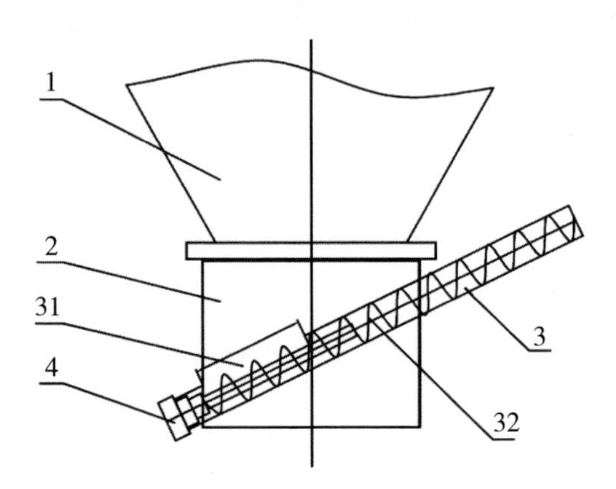

图 2-2-1　饲料供料转接装置的主视图

1- 饲料罐；2- 罐下料斗；3- 输料管；4- 末端电机；31- 上料开口；32- 绞龙

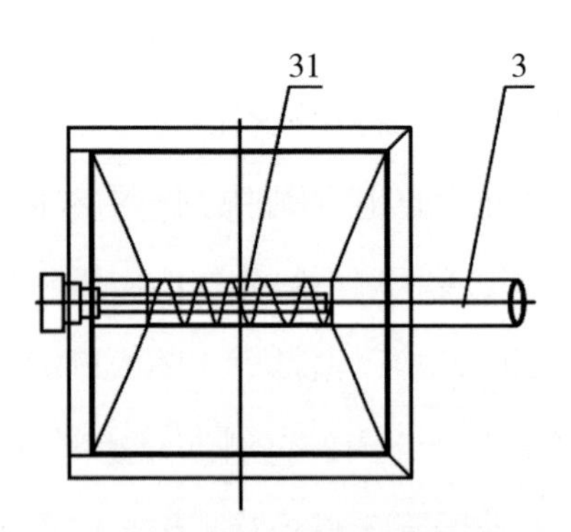

图 2-2-2　饲料供料转接装置的俯视图

3- 输料管；31- 上料开口

下料斗 2 中，然后又在罐下料斗 2 通过上料开口 31 进入到输料管 3 中，此时，如果开启末端电机，将会带动绞龙 32 旋转，而旋转的绞龙 32 将会将其内的食料运输到输料管 3 的另一端，由此完成食料的自动供料操作。此外，通过调节末端电机的转速可以相应地调节食料供料的速率，可以进一步提高自动供料的质量，提高畜禽饲养的效率。

可选的，食料可以是对应饲养畜禽的各种食料。

由上述实施例可知，饲料供料转接装置通过设置有输料管 3 和绞龙 32，使得动过末端电机可以带动绞龙 32 转动，进而带动输料管 3 内的饲料在输料管 3 内传输，这样，不仅可以实现饲料传输供料的自动化，提高供料的效率，而且基于绞龙 32 的传输结构稳定，使得饲料的传输供料也稳定可靠。此外，本研究饲料供料转接装置结构简单，材料或零件容易获取，因此，加工制造的成本较低。因此，本研究饲料供料转接装置结构简便、成本低廉，大大降低了畜禽饲养过程中尤其是供料过程中的成本。

在本研究一些可选的实施例中，饲料罐 1 为漏斗状结构，且使得饲料罐 1 对应漏斗状结构的出口与罐下料斗 2 连接。这样，通过将饲料罐 1 设置为漏斗状结构，使得饲料罐 1 内的食料能够及时、快速地落入到下方的罐下料斗 2，尤其是对于一些具有一定黏性或者较大颗粒的食料来说。此外，通过基于不同食料的特定，设计不同的饲料罐 1 漏斗倾斜角，可以相应地控制食料有序供料，防止食料的卡顿或者拥堵问题。所以，上述漏斗状结构设计概念进一步提高食料供应的效率。

可选的，饲料罐1与罐下料斗2为可拆卸式连接，使得可以使用不同的饲料罐1与罐下料斗2配合使用，而且，还可以将饲料罐1作为固定存储容器，且具有设置有不同容量的饲料罐1。这样，当需要进行一次食料供应时，只需要选定相应容量的饲料罐1与罐下料斗2配合就可以实现定量有序的食料供应。

在本研究一些可选的实施例中，饲料罐1与罐下料斗2之间设置有过滤网，过滤网用于过滤大颗粒的饲料或饲料中的杂质。这样，可以在自动供料的同时及时将畜禽无法进食的杂质或者较大颗粒的食料过滤掉，防止对畜禽造成不良影响。此外，还可以根据食料的不同，选定不同尺寸的过滤网或者设置有多层过滤网。

在本研究一些可选的实施例中，输料管3为倾斜设置，且输料管3沿入口端到出口端逐渐升高。这样，可以使得在电机静止状态时，不会有食料由于重力作用而滑落到出口端，同时使得绞龙由下到上地设置方式，使得绞龙对食料传输供应的速率控制更为精确稳定。

当然，根据实际的需要，也可以将输料管3设置为平行设置或者由高到低的设置方式，例如，防止电机故障或者人工失误造成饲料供料的停止，而输料管3由高到低的设置方式可以保证始终有一定的食料输出。

在本研究一些可选的实施例中，绞龙尾轴包括内圈和外圈，绞龙尾轴的外圈与输料管 3 固定连接，绞龙尾轴的内圈与绞龙固定连接。这样，基于绞龙尾轴与绞龙、输料管 3 的配合，使得能够实现绞龙的稳定传输，也即实现了对饲料的稳定供料。

在本研究一些可选的实施例中，输料管 3 的入口端对应的端部沿与出口端相反方向从罐下料斗 2 内伸出，用于使得绞龙尾轴和末端电机 4 设置于罐下料斗 2 的外部。这样，不仅有利于绞龙尾轴和末端电机 4 的安装、拆卸和维修工作，而且能够避免绞龙尾轴和末端电机 4 给罐下料斗内的饲料带来污染，例如，末端电机中可能漏出的机油、脱落的螺钉等。此外，也可以防止饲料进入电机进而造成电机的损坏。因此，通过将绞龙尾轴和末端电机 4 设置于罐下料斗 2 的外部，能够提高饲料传输的稳定性和可靠性。

在本研究一些可选的实施例中，输料管 3 对应上料开口 31 的位置设置有套管，套管与输料管 3 配合连接且能够相对输料管 3 滑动，用于调节上料开口 31 的大小。这样，通过调节上料开口 31 的大小，可以相应调节食料进料的速率，进而调节食料传输的速率和效率，实现精确的饲料供应。

可选的，也可以在饲料罐 1 与罐下料斗 2 之间设置有可推拉的挡板，用于控制饲料罐 1 与罐下料斗 2 之间开口的大小，也即控制饲料进料的速率。

在本研究一些可选的实施例中，输料管 3 的出口端对应设置有用于存放饲料的定量桶或者料槽。这样，可以将饲料直接运输到预定的目标中，实现饲料的自动供应。

在本研究一些可选的实施例中，罐下料斗 2 内还设置有导料板，用于将罐下料斗 2 内的饲料引导进入到输料管中。也即，在罐下料斗 2 中，由上到下设置一组导料板，使得从饲料罐 1 中进入的饲料只能根据导料板的引导进入到输料管中，避免饲料的浪费和提高饲料供应的效率。

本研究研究了国家专利保护，获得的专利授权号为：ZL 2017 2 0552723 1

2.3　一种自动料线传输系统

2.3.1　技术领域

本研究涉及畜禽饲养配套装置相关技术领域，特别是指一种自动料线传输系统。

2.3.2　背景技术

自动料线即通过电机带动传输带沿预设方向传输从而带动饲料到达每个饲喂食槽，通过自动控制电机的停止和启动来达到养殖业饲喂的料线，从而减少了饲料包装、运输、人工喂食等费用。目前的养殖场尤其是养猪行业，从饲料的加工、运输、饲喂都为人工操作，如此造成了饲料的包装成本上涨、浪费及饲喂时引起饲料的污染。

现有养殖业中的自动料线传输系统，多为链条塞片推动式饲料输送，也即利用赛盘链条实现饲料的传输。但是，当前采用赛盘链条的自动料线传输系统基于电机负载的不同，会在主动轮和从动轮之间产生不同的拉力，这样不断变化的拉力极易引起主动轮和从动轮连接的稳定性和可靠性，进而破坏整个系统的安全性。因此，在实现本研究的过程中，发明人发现现有技术至少存在以下问题：电机负载的变化引起主动轮和从动轮之间传输的稳定性和可靠性以及整个系统的安全性。

2.3.3 解决方案

有鉴于此，本研究的提出一种自动料线传输系统，能够自动根据电机负载自动调节主动轮与从动轮之前的受力平衡，进而提高自动料线传输系统的传输稳定性、可靠性和安全性。

基于上述目的本研究提出了一种自动料线传输系统，包括：料线动力箱、主动轮、从动轮、塞盘链条、拉杆和拉簧；料线动力箱为具有容纳空间的箱体结构，用于容纳主动轮、从动轮、拉杆和拉簧并且作为自动料线传输系统的支撑结构；主动轮设置于料线动力箱内且靠近送料端；主动轮与料线动力箱中的电机连接，用于为自动料线传输系统提出动力；从动轮设置于料线动力箱内且靠近回料端；主动轮与从动轮通过塞盘链条相互连接；拉杆设置于料线动力箱内，从动轮设置于拉杆上且可沿拉杆滑动；拉簧的一端设置于料线动力箱上，另一端与从动轮固定连接；拉簧用于平衡从动轮受到主动轮通过塞盘链条传递的拉力，拉杆用于限制从动轮滑动的轨迹。

外部的饲料通过塞盘链条从料线动力箱的回料端进入到料线动力箱内部的主动轮中，然后通过主动轮传输到从动轮，进而通过从动轮传输到料线动力箱的送料端直至传输出去。

自动料线传输系统还包括行程开关；行程开关设置于料线动力箱内，且位于从动轮滑动的轨迹上；行程开关用于当负载过大导致从动轮滑动到行程开关所在位置时，通过触发行程开关关闭电机。

行程开关为多组，分别用于实现不同负载的警示开关以及关闭电机的停止开关。

拉杆水平设置于料线动力箱内。

从动轮的高度低于主动轮的高度，用于使得主动轮到从动轮之间的塞盘链条由高到低传输。

拉簧至少为两组，且两组拉簧对称设置于从动轮的水平中心线的两侧。

从上面可以看出，本研究提出的自动料线传输系统通过将从动轮活动设置于拉杆上，使得从动轮可以沿拉杆方向滑动，既限制了从动轮移动的轨迹，又使得从动轮能够自由活动；通过在从动轮和料线动力箱 1 之间设置拉簧，使得能够利用拉簧平衡从动轮的受力，也即无论从动轮受到主动轮通过赛盘链条带来的多少拉力，从动轮均可以通过拉簧的调节以及在拉杆上的移动进行受力平衡，从而使得主动轮与从动轮始终处于受力稳定状态，这样的自动张紧设置能够消除电机负载波动或者负载不稳定带来的不利影响。因此，自动料线传输系统能够自动根据电机负载自动调节主动轮与从动轮之前的受力平衡，进而提高自动料线传输系统的传输稳定性、可靠性和安全性。

2.3.4 附图说明

具体结构和功能说明如下。

参照图 2-3-1 所示，为本研究提出的自动料线传输系统的结构示意图。自动料线传输系统包括：料线动力箱 1、主动轮 2、从动轮 3、塞盘链条 4、拉杆 5 和拉簧 6。料线动力箱 1 为具有容纳空间的箱体结构，用于容纳主动轮 2、从动轮

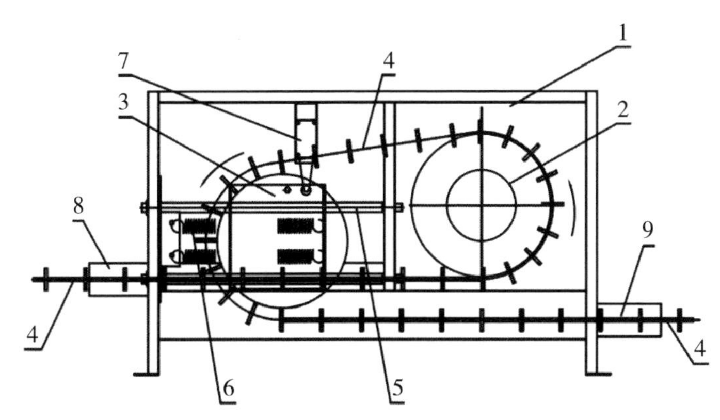

图 2-3-1 自动料线传输系统的结构示意图

1- 料线动力箱；2- 主动轮；3- 从动轮；4- 塞盘链条；5- 拉杆；6- 拉簧；7- 行程开关；8- 回料端；9- 送料端

3、拉杆 5 和拉簧 6 等主要部件并且作为自动料线传输系统的支撑结构。料线动力箱 1 可以根据需要设置相应的外形或者在内部设置不同的隔间或者辅助单元，且料线动力箱 1 内设置有电机。

主动轮 2 设置于料线动力箱 1 内且靠近自动料线传输系统的送料端 9；其中，自动料线传输系统中设置有回料端 8 和送料端 9，分别对应饲料的输入端和输出端。主动轮 2 与料线动力箱 1 中的电机连接，用于为自动料线传输系统提出动力。

从动轮 3 设置于料线动力箱 1 内且靠近自动料线传输系统的回料端 8；主动轮 2 与从动轮 3 通过塞盘链条 4 相互连接，也即塞盘链条 4 作为主动轮 2 与从动轮 3 之间的传送带。一般主动轮 2 与从动轮 3 的转动方向一致且主动轮 2 通过塞盘链条 4 带动从动轮 3 转动。

可选的，主动轮 2 设置于料线动力箱 1 的右侧，而从动轮 3 设置于料线动力箱 1 的左侧。

拉杆 5 设置于料线动力箱 1 内，从动轮 3 设置于拉杆 5 上且可沿拉杆 5 滑动；拉簧 6 的一端设置于料线动力箱 1 上，另一端与从动轮 3 固定连接；拉簧 6 用于平衡从动轮 3 受到主动轮 2 通过塞盘链条 4 传递的拉力，拉杆 5 用于限制从动轮 3 滑动的轨迹。

可选的，还可以在拉杆 5 上设置有滑块，滑块能够沿拉杆滑动，且从动轮 3 与滑块固定连接。

因此，饲料传输的过程为：外部的饲料通过塞盘链条 4 从料线动力箱 1 的回料端 8 进入到料线动力箱 1 内部的主动轮 2 中，然后通过主动轮 2 传输到从动轮 3，进而通过从动轮 3 传输到料线动力箱 1 的送料端 9 直至传输出去。

由上述实施例可知，本研究提出的自动料线传输系统通过将从动轮 3 活动设置于拉杆 5 上，使得从动轮 3 可以沿拉杆 5 方向滑动，既限制了从动轮 3 移动的轨迹，又使得从动轮 3 能够自由活动；通过在从动轮 3 和料线动力箱 1 之间设置拉簧 6，使得能够利用拉簧 6 平衡从动轮的受力，也即无论从动轮 3 受到主动轮 2 通过赛盘链条 4 带来的多少拉力，从动轮 3 均可以动过拉簧 6 的调节以及在拉杆 5 上的移动进行受力平衡，从而使得主动轮 2 与从动轮 3 始终处于受力稳定状态，这样的自动张紧设置能够消除电机负载波动或者负载不稳定带来的不利影响。因此，自动料线传输系统能够自动根据电机负载自动调节主动轮与从动轮之前的受力平衡，进而提高自动料线传输系统的传输稳定性、可靠性和安全性。

在本研究一些可选的实施例中，自动料线传输系统还包括行程开关 7；行程开关 7 设置于料线动力箱 1 内，且位于从动轮 3 滑动的轨迹上；行程开关 7 用于当负载过大导致从动轮 3 滑动到行程开关所在位置时，通过触发行程开关关闭电机。因此，通过计算从动轮 3 的受力以及位移的关系，可以得到一个从动轮 3 位移的极限位置，表示超过该位置则电机负载过大，否则电机负载处于预设范围内。而通过在从动轮 3 位移的极限位置设置行程开关 7，可以在点击负载过大时，基于从动轮 3 触发行程开关 7 而关闭电机。这样，能够大大提高自动料线传输系统运行的安全性和可靠性。

在本研究进一步的实施例中，行程开关 7 为多组，分别用于实现不同负载的警示开关以及关闭电机的停止开关。也即，设置多个行程开关，其中，位移最远的行程开关用于当电机负载过大时关闭电机，而其余位移对应的行程开关用于对于不同电机负载的预警或者显示开关，例如，当从动轮的位移为 a 时，对应将会触发此位置的行程开关，进而基于从动轮的位置可以反向计算得到电机的负载，也即当从动轮触发某一行程开关时，用户可以知道此时的电机负载。这样，不仅能够使用户可以及时监控电机负载状态，而且，也可以提前对电机的突然停机进行预警，提高自动料线传输系统运行的效率。

在本研究一些可选的实施例中，拉杆 5 水平设置于料线动力箱 1 内。这样，通过控制从动轮 3 在水平方向滑动，既可以防止重力作用的自由滑动带来的干扰，而且，使得拉簧的拉力均匀设置，使得形成开关的设置更为准确。

可选的，拉杆 5 为两组，且两组拉杆 5 对称设置于从动轮的上下两侧，进而使得从动轮沿水平方向的移动更为稳定可靠。

在本研究一些可选的实施例中，从动轮 3 的高度低于主动轮 2 的高度，用于使得主动轮 2 到从动轮 3 之间的塞盘链条 4 由高到低传输。这样，有利于饲料在塞盘链条 4 传输的稳定性。

在本研究一些可选的实施例中，拉簧 6 至少为两组，且两组拉簧 6 对称设置于从动轮 3 的水平中心线的两侧。也即，在垂直方向上，拉簧 6 对称设置在从动轮 3 的上下两端，进而使得从动轮受到水平方向的受力，而不会产生其余方向的分力。这样，使得从动轮的受力能够均匀对称，提高了自动料线传输系统的稳定性。而且，有利于准确计算行程开关 7 的位置。

本研究申请了国家专利保护，获得的专利授权号为：ZL 2017 2 0552710 4

2.4 一种畜禽养殖加药装置

2.4.1 技术领域

本研究涉及制药设备领域，特别是指一种畜禽养殖加药装置。

2.4.2 背景技术

随着养殖业规模化程度的不断增加，畜禽疫病的发病时有发生，甚至出现季节性的增加，不仅影响到畜牧业的生产效率与效益，而且对人类的健康也构成严重的威胁。因此，需要科学、安全、合理、高效地使用饲料添加剂来预防或者发病后通过兽药治疗疫病。

现有技术中，在畜禽发病后，通常需要将兽药混入畜禽等养殖动物的饮用水中，畜禽喝水时就会将用于治疗的兽药吃下去。然而畜禽在通过水嘴进行喝水时，通常会造成引用水的四处飞溅，使得兽药浪费极大，大多数时候浪费的兽药甚至能占据总投药量的一半。而畜禽通过采食饲料时，一般会将饲料全部吃完，不会造成浪费。在畜禽发病疫病时，若能够将用于治疗的兽药有效地混合入部分饲料中，则不会造成这么大的浪费，且能达到预期的治疗效果。

2.4.3 研究内容

有鉴于此，本研究提出一种畜禽养殖加药装置，将固体药物加入饲料中，避免兽药的大量浪费。

基于上述目的本研究提出的一种畜禽养殖加药装置，包括箱体、绞龙叶、第一电机以及开关调节装置，箱体上端设置有加料口，下端设置有下料口；下料口与绞龙叶的输入口连接；第一电机与绞龙叶连接，用于控制绞龙叶内部旋转轴的转动；开关调节装置与第一电机连接，用于控制第一电机的开关与转速。箱体为下锥形箱体，箱体上端设置有第二电机，第二电机的输出端设置搅拌装置，搅拌装置位于箱体内部。开关调节装置与第二电机连接，用于控制第二电机的开关与转速。搅拌装置包括搅拌棒以及设置在搅拌棒上的搅拌翅。搅拌翅的数量至少为 3 个，搅拌翅沿搅拌棒由上到下依次设置。

搅拌翅包括第一搅拌部以及第二搅拌部，搅拌翅的第一搅拌部的一端固定在搅拌棒上，另一端与第二搅拌部连接；第一搅拌部呈水平状态，第二搅拌部沿下锥形箱体的内壁倾斜。

加药装置还包括支架，支架与下锥形箱体的下端连接，开关调节装置、第一电机均固定在支架上；支架还包括两个梯形支撑腿，用于支撑加药装置。

下锥形箱体的上端设置有十字交叉的金属支撑架，第二电机设置于金属支撑架上。

从上面可以看出，本研究提出的一种畜禽养殖加药装置，改变了传统的只能将兽药加入饮用水中的做法，而是将固体兽药直接与饲料混合，避免了兽药的浪费；加药装置结构巧妙，通过电机控制绞龙叶，从而能够根据实际情况调整药物的流量；箱体内部设置搅拌装置，避免箱体内固体兽药结拱挂壁；结构简单，使用方便，便于推广。

2.4.4 附图说明

具体结构和功能说明如下。

图 2-4-1 为一种畜禽养殖加药装置的结构示意图。在本研究中，加药装置包括箱体 2、绞龙叶 6、第一电机 4 以及开关调节装置 5。其中，箱体 2 上端设置有加料口，用于将固体药物放入箱体内。在一个可选的实施例中，箱体 2 的上端可以是完全开放的，此时不需要单独设置加料口，可以从开放的箱体 2 上端直接加药。箱体 2 下端设置有下料口，下料口与绞龙

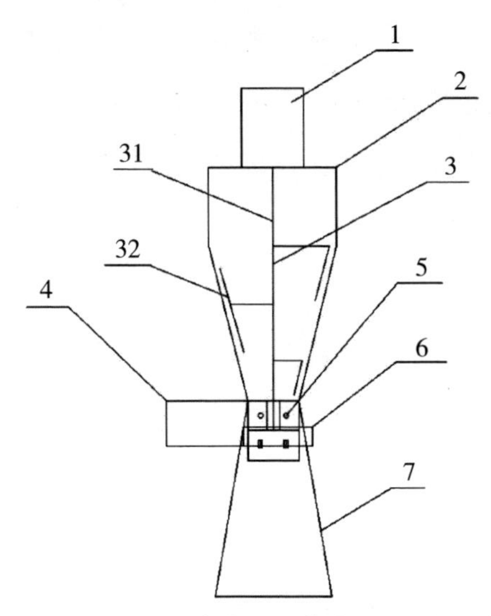

图 2-4-1　一种畜禽养殖加药装置的结构示意图

1- 第二电机；2- 箱体；3- 搅拌装置；4- 第一电机；5- 开关调节装置；6- 绞龙叶；7- 支架；31- 搅拌棒；32- 搅拌翅

叶 6 的输入口连接，箱体 2 中的固体药物可以通过下料口流出后进入绞龙叶 6 内，再由绞龙叶 6 的输出口流出；第一电机 4 的输出端与绞龙叶 6 连接，用于控制绞龙叶 6 内部旋转轴的转动，从而控制固体药物流出时的流量大小。开关调节装置 5 与第一电机 4 连接，用于控制第一电机的开关与转速。

如图所示，本研究中在使用该加药装置时，首先将固体药物通过箱体 2 的加料口放入箱体内部存储。第一电机 4 工作时，绞龙叶 6 内部的旋转轴同时转动，使得箱体 2 中的固体药物通过箱体 2 下端的下料口进入绞龙叶 6，绞龙叶 6 的输出口指向用于将饲料运输至食槽的料线，使得固体药物能够落到料线上，并与料线上的饲料进行初步混合。开关调节装置 5 上设置有用于控制第一电机 4 开启关闭的开关按钮以及用于控制第一电机 4 转速的旋转开关，通过控制电机的转速能够调节绞龙叶 6 内部旋转轴的转速，从而调节落到料线上的固体药物的流量大小。

在本研究的另一个实施例中，箱体 2 为下锥形箱体，箱体 2 上端设置有第二电机 1，第二电机 1 的输出端设置搅拌装置 3，搅拌装置 3 位于箱体 2 内部。可选的，搅拌装置 3 位于下锥形箱体 2 的中轴线上，并且从下锥形箱体 2 的上部一直延伸到靠近下锥形箱体 2 的底部。第二电机 1 能够自动控制搅拌装置 3 对箱体 2 内部的固体药物进行搅拌，防止药物结拱挂壁。

优选的，开关调节装置 5 与第二电机 1 连接，用于控制第二电机 1 的开关与转速，在控制第二电机 1 的开启与关闭的同时，还能够控制第二电机 1 的转速，从而控制搅拌装置 3 的搅拌速度。优选的，搅拌装置 3 包括搅拌棒 31 以及设置在搅拌棒上的搅拌翅 32。其中，搅拌翅 32 的数量至少为 3 个，搅拌翅 32 沿搅拌棒 31 由上到下依次设置。因此，搅拌范围能够覆盖下锥形箱体内部的全部位置，避免任何一处的药物结拱挂壁。

优选的，搅拌翅包括第一搅拌部以及第二搅拌部，搅拌翅的第一搅拌部的一端固定在搅拌棒上，另一端与第二搅拌部连接；第一搅拌部呈水平状态，第二搅拌部沿下锥形箱体的内壁倾斜。更进一步的，位于搅拌棒 31 两端的两个搅拌翅 32 的第一搅拌部与第二搅拌部的一端连接；位于搅拌棒 31 中部的搅拌翅 32 的第一搅拌部与第二搅拌部的中部连接；并且 3 个搅拌翅 32 的第二搅拌部均靠近下锥形箱体的内壁。该结构的设置使得搅拌装置工作时，搅拌翅 32 的第二搅拌部能覆盖箱体内壁的全部位置，使得箱体 2 内部任何一处的固体药物均不会结拱挂壁。

使用本研究加药装置时，固体药物放入箱体 2 中后，通过开关调节装置 5 上的开关控制第二电机 1 工作，使得搅拌装置 3 的搅拌棒 31 旋转，搅拌棒 31 以及 3 个搅拌翅 32 共同作用，使得箱体 2 内的固体药物不结拱不挂壁。此外，通过开关调节装置 5 还能够调节第二电机 1 的转速，从而控制搅拌装置 3 的旋转速度，使得搅拌装置 3 在防止固体药物结拱挂壁的同时，还能够起到一定的搅拌作用，使得箱体内药物混合更均匀。

优选的，加药装置还包括支架 7，支架 7 与下锥形箱体的下端连接，开关调节装置 5、第一电机 4 均固定在支架 1 上。支架还包括两个梯形支撑腿，用于支撑加药装置。在一些可选的实施例中，支撑腿还可以是矩形、“H”形等任何可以支撑加药装置的形状结构。

在一些可选的实施例中，当箱体 1 的上端为开放式时，箱体 1 的上端设置有十字交叉的金属支撑架，第二电机 1 设置于金属支撑架上。在一些可选的实施例中，支撑架可以由“一”

字形金属片构成，或者由网状结构等其他可以支撑第二电机 1 的结构构成。

本研究加药装置，改变了传统的只能将兽药加入饮用水中的做法，而是将固体兽药直接与待饲喂的部分饲料混合，避免了兽药的浪费；加药装置结构巧妙，通过电机控制绞龙叶，从而能够根据实际情况调整药物的流量；箱体内部设置搅拌装置，避免箱体内固体兽药结拱挂壁；该加药装置结构简单，使用方便，便于推广。

本研究申请了国家专利保护，获得的专利授权号为：ZL 2017 2 0654257 8

2.5 一种奶羊精确饲喂站

2.5.1 技术领域

本研究涉及动物饲养设备技术领域，特别涉及一种奶羊精确饲喂站。

2.5.2 背景技术

随着羊奶粉的价值开发，奶羊饲喂趋于规模化。精饲料的作用主要是有助于奶羊产奶，目前通用的方法是草料里面加入精饲料，由于搅拌不均匀，所以，精饲料无法全部被奶羊吃到，因此，造成了极大的浪费；同时由于精饲料混合于饲料内，无法达到最好的效果。为了使精饲料更好地体现价值，开发了奶羊自动化养殖设备，根据每只羊产奶量提出相应的精饲料，产奶越多，则精饲料越多，产奶越少，则精饲料越少；使精饲料达到最大的性价比。

现在规模化养殖场均采用自动化挤奶机完成挤奶，减少污染，提高效率。大型挤奶机可以同时为 100 只以上的奶羊挤奶，并记录下每只羊的产量奶，将该数据反馈到数据库中，根据每只羊的产奶量计算出该奶羊今天的精饲料投放量。但是国内大部分奶羊场采用的饲喂设备无法实现高精确下料，计量精度较低，误差比较大，无法满足实际需求。因此，希望能够通过一种精确饲喂站完成奶羊的定量饲喂。

2.5.3 解决方案

有鉴于此，本研究提出一种奶羊精确饲喂站。该奶羊精确饲喂站能够实现高精度下料，下料精确率达到 98% 以上，准确率达到了 99.4%。

基于上述目的，本研究提出了一种奶羊精确饲喂站，包括采食通道、储料仓、食槽和定量下料控制装置，定量下料控制装置设置在采食通道的一端，定量下料控制装置包括电机、下料转轴和下料仓，下料仓的底部设有出料口，食槽设置在出料口的下方，下料仓开设有上开口，储料仓的底部与上开口连通，上开口内设有第一容腔，下料转轴设置在第一容腔内，电机用于驱动下料转轴转动，下料转轴上设有凹槽，凹槽用于接收从储料仓的底部流出的饲料，凹槽的长度（a1）< 第一容腔

的长度（a_2），凹槽的宽度（b_1）≤第一容腔的宽度（b_2）。

在本研究中第一容腔的长度（a_2）= 下料转轴的长度（a_3），第一容腔的宽度（b_2）= 下料转轴的直径（d）。

凹槽为“U”形槽，沿下料转轴的轴向设置，U 形槽的个数为 3 个，且均匀分布在下料转轴上。

下料仓的主体由 4 个侧壁组成，其中，一个侧壁上设有放置下料转轴一端的空腔，与该侧壁相对的侧壁上向外凸设有第二容腔，第二容腔内设置有轴承，用于支撑下料转轴的轴端；下料转轴的一端设置有底座，该底座与设有空腔的侧壁固定连接。

电机与电机的输出轴垂直相交，下料转轴包括内转轴和外转轴，电机的输出轴通过联轴器与内转轴相连，内转轴带动外转轴转动；电机的一端设有转向部，电机的输出轴从转向部中伸出。

转向部通过固定杆与底座固定连接，固定杆的个数为 3 个。

还包括上位机、射频读取系统和下位机，上位机用于采集射频识别系统所识别的奶羊耳标信息，根据信息查找数据库，查找出奶羊需要的进食量并准确反馈给下位机；下位机与上位机相连，根据上位机反馈的进食量计算出电机运转圈数，然后使得定量下料控制装置在电机的带动下工作；射频识别系统与上位机相连，用于完成个体奶羊的识别并将识别的耳标信息传输至上位机；电机在下位机的控制下运转，完成运转圈数从而完成精确饲喂。

储料仓内设置有料位传感器，定量下料控制装置的外部设置有报警灯，料位传感器与上位机相连，当储料仓缺料时，则在上位机上提示储料仓缺料，不下料，同时报警灯亮起；上位机与下位机网络通信中断时间高于预设的时间阈值时，报警灯亮起。

采食过道包括侧栏，采食通道设置有两个侧栏，采食通道上设置有射频读取系统。

储料仓为上部开放的斗状容器，储料仓的开口转动设置有仓盖，仓盖与储料仓的开口形状配合。

从上面可以看出，本研究提出的一种奶羊精确饲喂站根据奶羊的个体情况来计算精确饲料量，完成精饲料的投喂；同时采用三幅式下料转轴，实现高精度下料，下料精确率达到98% 以上，准确率达到了 99.4%。本研究提出的奶羊精确饲喂站，个体奶羊识别率高，满足了个体奶羊按需饲喂的目的，实现了奶羊的精确饲喂，有助于奶羊的营养均衡，避免二次投料，投料精度高，提高了产奶量。

2.5.4 附图说明

具体结构和功能说明如下。

图 2-5-1 为本研究提出的一种奶羊精确饲喂站的主视图，图 2-5-2 为一种奶羊精确饲喂站的俯视图，图 2-5-3 为一种

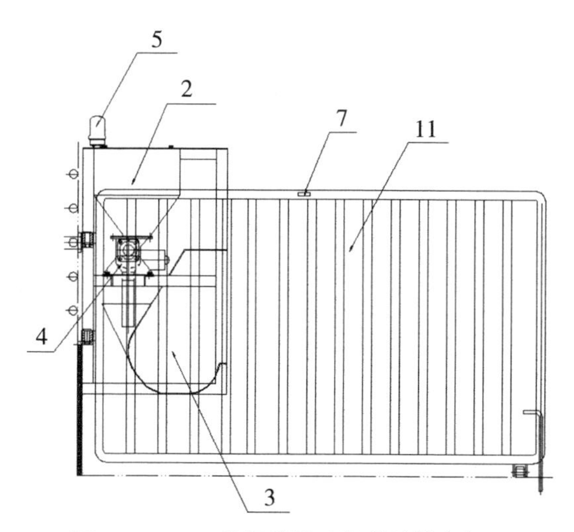

图 2-5-1　一种奶羊精确饲喂站的主视图

2- 储料仓；3- 食槽；4- 定量下料控制装置；5- 报警灯；7- 射频读取系统；11- 侧栏

奶羊精确饲喂站的侧视图。

如图 2-5-1 至图 2-5-3 所示，一种奶羊精确饲喂站，包括采食通道 1、储料仓 2、食槽 3 和定量下料控制装置 4，定

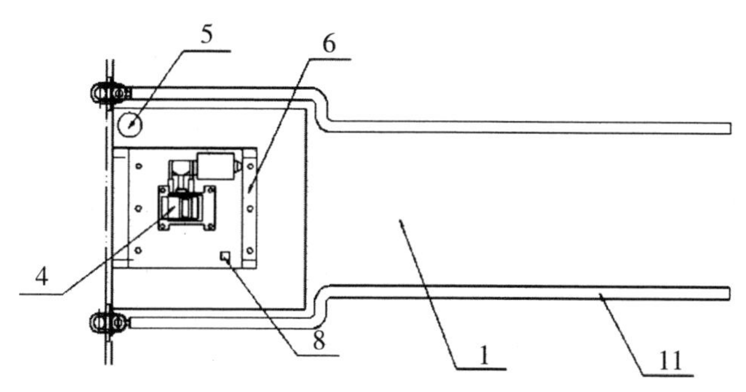

图 2-5-2　一种奶羊精确饲喂站的俯视图

1- 采食通道；4- 定量下料控制装置；5- 报警灯；6- 仓盖；8- 料位传感器；11- 侧栏

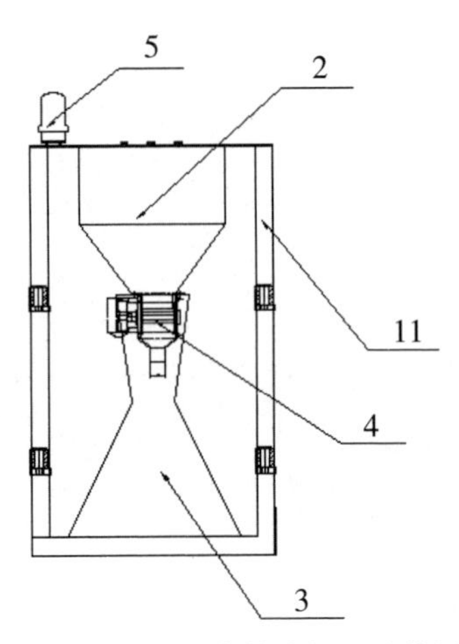

图 2-5-3　一种奶羊精确饲喂站的侧视图

2- 储料仓；3- 食槽；4- 定量下料控制装置；5- 报警灯；11- 侧栏

量下料控制装置 4 设置在采食通道 1 的一端，储料仓 2 设置在定量下料控制装置 4 的上方，食槽 3 设置在定量下料控制装置 4 的下方，食槽 3 具有供奶羊头部取食的空间。

采食过道 1 包括侧栏 11，采食通道 1 设置有两个侧栏 11，采食通道上 1 设置有射频读取系统 7。定量控制装置 4 固定在两个侧栏 11 之间，并通过锁紧装置进行固定。

射频读取系统 7 为 RFID 读卡器，具有超远距离精确耳标识别系统，能够自动准确迅速地识别进食羊只。RFID 读卡器工作频率：134.2 千赫兹，符合标准：ISO11784/785，读取耳标速度快，准确率高，读取距离超过 20cm。

储料仓 2 为上部开放的斗状容器，上半部等宽，下半部宽度逐渐减小，储料仓 2 的开口转动设置有仓盖 6，仓盖 6 与储料仓 2 的开口形状配合，能够防止复杂环境及氨气、饲料粉尘等污染腐蚀。

图 2-5-4 为本研究提出的一种定量下料控制装置的分解图，如图 2-5-4 所示，定量下料控制装置 4 包括电机 41、下料转轴 42 和下料仓 43，下料仓 43 的底部设有出料口 435，食槽 3 设置在出料口 435 的下方，下料仓 43 开设有上开口 431，储料仓 2 的底部与上开口 431 连通，上开口 431 内设有第一

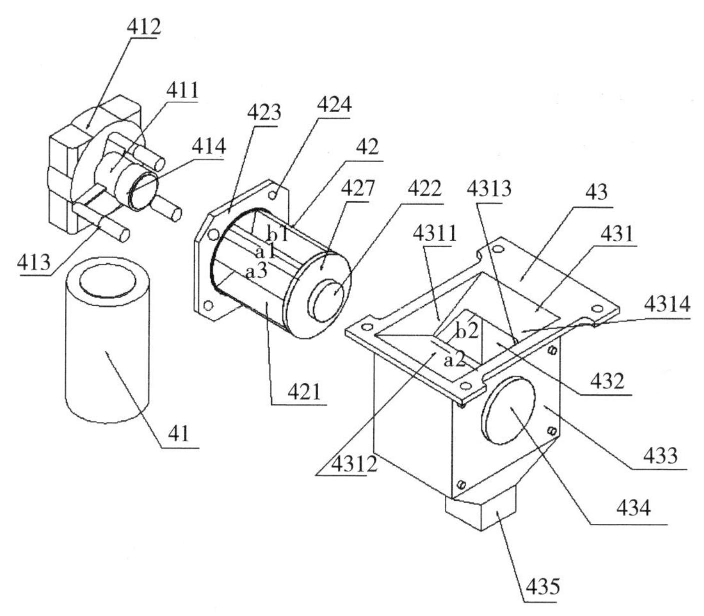

图 2-5-4　一种下料转轴和底座的分解俯视图

41- 电机；42- 下料转轴；43- 下料仓；411- 输出轴；412- 转向部；413- 固定杆；414- 支撑座；421- 凹槽；422- 轴端；423- 底座；424- 螺孔；431- 上开口；432- 第一容腔；433- 侧壁；434- 第二容腔；435- 出料口；4311- 第一侧壁；4312- 第二侧壁；4313- 第三侧壁；4314- 第四侧壁

容腔 432，下料转轴 42 设置在第一容腔 432 内，电机 41 用于驱动下料转轴 42 转动，下料转轴 42 上设有凹槽 421，凹槽 421 用于接收从储料仓 2 的底部流出的饲料，凹槽 421 的长度（a1）< 第一容腔 432 的长度（a2），凹槽 421 的宽度（b1）≤第一容腔 432 的宽度（b2）。

在本研究中，上开口 431 为漏斗状，上开口 431 由第一侧壁 4311、第二侧壁 4312、第三侧壁 4313 和第四侧壁 4314 组成，其中，第一侧壁 4311 和第三侧壁 4313 相对，第二侧壁 4312 和第四侧壁 4314 相对，其中，第二侧壁 4312 和第四侧壁 4314 逐渐向中间靠拢，第二侧壁 4312 和第四侧壁 4314 的终端与第一侧壁 4311 和第三侧壁 4313 的终端形成第一容腔 432。

第一容腔 432 的长度为 a2，宽度为 b2；凹槽 421 的长度为 a1，宽度为 b1，凹槽 421 的长度（a1）< 第一容腔 432 的长度（a2），凹槽 421 的宽度（b1）≤第一容腔 432 的宽度（b2），即第一容腔 432 的截面积（s1）> 凹槽 421 的截面积（s2），这样保证下料转轴 42 能够嵌入第一容 432 腔内。当下料转轴 42 嵌入第一容腔 432 时，下料转轴 42 的轴端面 427 贴合第三侧壁 4313，下料转轴 42 的弧形端面贴合第二侧壁 4312 和第四侧壁 4314，即下转轴 42 与第一容腔 432 接触的每个点均是贴合的，能够防止饲料从缝隙中流出。

凹槽 421 为 U 形槽，沿下料转轴 42 的轴向设置，此时凹槽 421 的宽度为 U 形槽的最大宽度（b1），当“U”形槽的最大宽度（b1）= 第一容腔 432 的宽度（b2）时，“U”形槽侧壁的最高处贴合第二侧壁 4312 和第四侧壁 4314，当“U”形槽的最大宽度（b1）< 第一容腔 432 的宽度（b2），下料转轴 42 的弧形端面贴合第二侧壁 4312 和第四侧壁 4314。下料转轴 42 与第一容腔 432 接触的每个点均是贴合的，这样可以保证从储料仓 2 中流出的饲料即使流到凹槽 421 外，也不会从第一容腔 432 内流出，而且，也不会对下料转轴 42 的转动产生阻力。

图 2-5-5 为本研究提出的一种下料转轴和底座的俯视图，如图 2-5-5 所示，下料转轴 42 的直径为 d，最佳的，第一容腔 432 的长度（a2）= 下料转轴 42 的长度（a3），第一容腔 432 的宽度（b2）= 下料转轴 42 的直径（d）。当下料转轴 42 嵌入第一容腔 432 内，下料转轴 42 与第一容腔 432 接触的每个点都是贴合的，而且在下料转轴 42 转动的过程中，也能保

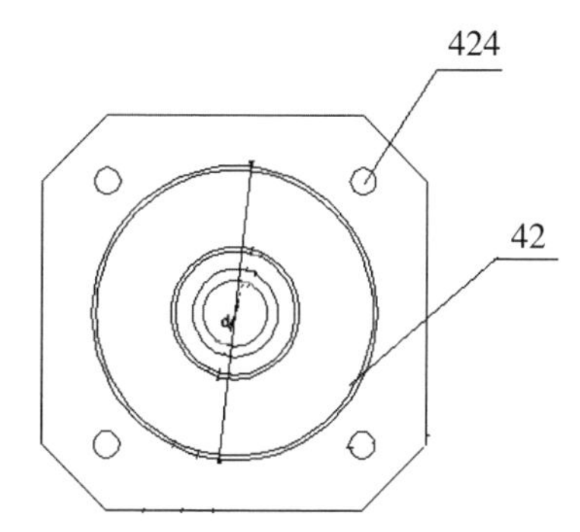

图 2-5-5　一种定量下料控制装置的俯视图

42- 下料转轴；424- 螺孔

证下料转轴 42 与第一容腔 432 接触的每个点都是贴合的。

本研究采用第一容腔 432 与凹槽 421 相配合的方式实现定量下料，在下料转轴 42 转动的过程中，只有凹槽 421 内的饲料通过出料口 435 流出，从而流到食槽 3 内供奶羊喂食。下料转轴 42 转动一圈的下料量由凹槽 421 的截面积和下料转轴 42 的转速决定。

“U”形槽的个数为 3 个，3 个“U”形槽均匀分布在下料转轴 42 上，即本下料转轴 42 为三幅式下料转轴。如果采用单幅，则单槽需要开口深，则转轴直径过大；如果采用四幅或者更多，则单槽过小，影响精度。经过反复测试，采用三幅式是最精准的。

本研究采用三幅式下料转轴（3 个凹槽）进行下料精确率和准确度的测试。转 10 圈的投放饲料重量为（3 次平均值，分别为 198.8、209.8、205.1）204.56，平均值为 20.4g，测试结果如表 2-5-1 所示。

表 2-5-1 投放饲料重量

蓝色样机	1 次	2 次	3 次	4 次	5 次	6 次	7 次	8 次	9 次	10 次
实测数值	19.8	20.8	19.9	21	20	20	20.6	20.1	20.7	20.6
与平均值	−2.9%	2.0%	−2.4%	2.9%	−2.0%	−2.0%	1.0%	−1.5%	1.5%	1.0%

根据表 2-5-1 得到的单圈投料量的平均值，蓝色样机为 20.4 克，计算各个圈数的投料设置值。表 2-5-2 为各样机的测试结果。

表 2-5-2 样机测试结果

样　机	5 圈	3 圈	6 圈	4 圈	8 圈
计算数值	102.0 克	61.2 克	122.4 克	81.6 克	163.2 克
实测数值	103.2 克 /101.3	61.5 克	122.6 克	79.9 克	162.7 克
与平均值比	1.2%/0.7%	0.5%	0.2%	-2.1%	-0.3%

由表 2-5-1 和表 2-5-2 可知，本研究采用三幅式下料转轴实现高精度下料，下料精确率达到 98% 以上，单次 20 克，测试 10 次，下料重量为 198.8 克，准确率达到了 99.4%。

可选的，下料仓 43 的主体由 4 个侧壁组成，其中，一个侧壁上设有放置下料转轴 42 一端的空腔（未示出），与该侧壁相对的另一侧壁 433 上向外凸设有第二容腔 434，第二容腔 434 内设置有轴承，用于支撑下料转轴的轴端 422。

下料转轴 42 的一端设置有底座 423，底座 423 与设置空腔的侧壁固定连接。底座 423 上设有螺孔 424，设有空腔的侧壁上同样设置有螺孔，并且与螺孔 424 相对应，通过螺钉或螺栓将底座 424 与设置有空腔的侧壁固定连接。

图 2-5-6 为本研究提出的一种定量下料控制装置的结构示意图，如图 2-5-6 所示，电机 41 与电机 41 的输出轴 411 垂直相交，下料转轴 42 包括内转轴 425 和外转轴 426，电机

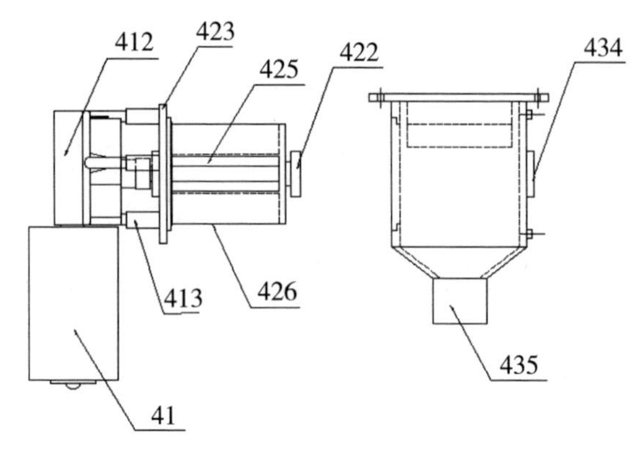

图 2-5-6　一种定量下料控制装置的结构示意图

41- 电机；412- 转向部；413- 固定杆；422- 轴端；423- 底座；425- 内转轴；426- 外转轴；434- 第二容腔；435- 出料口

41 的输出轴 411 通过联轴器与内转轴 425 相连，内转轴 411 带动外转轴 426 转动；电机 41 的一端设有转向部 412，电机 41 的输出轴 411 从转向部 412 中伸出。内转轴 425 和外转轴 426 固定连接，内转轴 425 转动时带动外转轴 426 转动。

电机 41 采用高强度雨刷电机，电机寿命达到 200 万次以上，采用机械卡口检测，保证停止位置为整圈。

转向部 412 内设有减速机和齿轮，通过齿轮改变电机 41 的输出轴方向，从而使电机 41 与电机 41 的输出轴 411 垂直相交，输出轴 411 通过联轴器与下料转轴 42 相连，支撑座 414 内设置有轴承，用于支撑下料转轴 42。下料转轴 42 的两端采用进口轴承，摩擦力小，使用寿命长。

转向部 412 通过固定杆 413 与底座 423 固定连接，固定杆的个数为 3 个。

电机 41 与电机 41 的输出轴 411 垂直相交是本优选技术方案，电机 41 与电机 41 的输出轴 411 在同一直线上也可以实现本技术方案。

本定量下料控制装置具有结构简单，下料精确，噪音小，控制迅速等优点。这些技术的应用都是经过专家团队反复验证，不断试验，保证奶羊精确饲喂设备的先进性和稳定性。

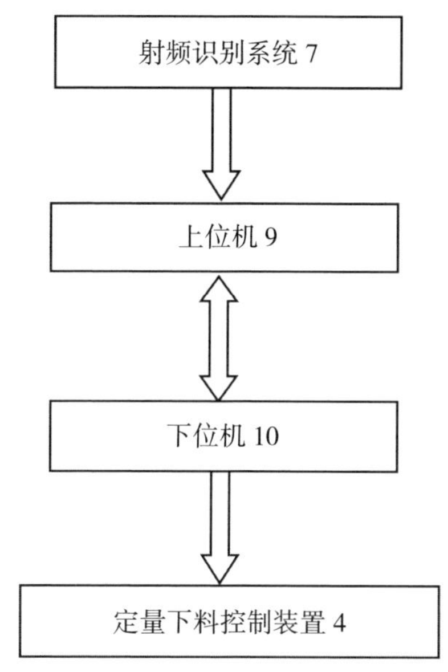

图 2–5–7 一种奶羊精确饲喂站的模块示意图

图 2–5–7 为本研究提出的一种奶羊精确饲喂站的模块示意图，如图 2–5–7 所示，本研究中的一种奶羊精确饲喂站还包括上位机 9、射频读取系统 7 和下位机 10，上位机 9 用于采

集射频识别系统 7 所识别的奶羊耳标信息，根据信息查找数据库，查找出奶羊需要的进食量并准确反馈给下位机 10；下位机 10 与上位机 9 相连，根据上位机 9 反馈的进食量计算出电机 41 运转圈数，然后使得定量下料控制装置 4 在电机 41 的带动下工作；射频识别系统 7 与上位机 9 相连，用于完成个体奶羊的识别并将识别的耳标信息传输至上位机 9；电机 41 在下位机 10 的控制下运转，完成运转圈数从而完成精确饲喂。

下位机 10 通过第一串口与上位机 9 相连，下位机 10 通过控制端口开关使得定量下料控制装置 4 在电机 41 的带动下工作。射频识别系统 7 通过第二串口与上位机 9 相连。

图 2-5-8 为本研究提出的一种奶羊精确饲喂站的工作流程图，如图 2-5-8 所示，利用本奶羊精确饲喂站进行饲喂的方法，包括步骤：

S1. 由射频识别系统识别奶羊的耳标信息并将此信息传输至上位机；

S2. 当奶羊的耳标信息在已采集的数据库中时，上位机通过科学饲养公式（奶羊的泌乳量）计算出该头奶羊的下料量并反馈给下位机；

S3. 下位机根据下料量计算出电机运转圈数，并控制电机带动定量下料装置按照所需饲料需求量进行投料。

其中，当奶羊的耳标信息不在已采集的数据库中时，不进行下料。如果上位机没有反馈信息，则下位机不进行计算。如果设备内有羊只，则 5 秒钟发送一次请求下料数据信息，上位机收到信息就进行反馈，下位机收到相应信息后比对当前奶羊耳标信息，一致则下料，不一致则抛除。该奶羊完成当日进食量之后，再到饲喂站，则不再下料。

射频读取系统 7 在向上位机 9 上传耳标信息时，10 秒内如果上位机 9 反馈信息，则认为该信息有效并执行，如果超过 10 秒未反馈或者 10 秒后反馈，都认为该信息无效，重新发送。

储料仓 2 内设置有料位传感器 8，定量下料控制装置 4 的外部设置有报警灯 5，料位传感器 8 与上位机 9 相连，当储料仓 2 缺料时，则在上位机 9 上提示储料仓 2 缺料，不下料，同时报警灯 5 亮起；上位机 9 与下位机 10 网络通信中断时间高于预设的时间阈值时（例如 300 秒），报警灯 5 亮起。下位机 10 通过采用 TCP/IP 通信协议与上位机 9 进行数据交互，最大限度保证数据交互的稳定性。下位机 30 秒发送一个心跳包，如果上位机收到，则认为设备通信正常，如果超过 300 秒没收到心跳包，则通信中断，并亮起报警灯。联网或者储料仓内有料之后，报警灯不再闪烁。

可选的，料位传感器 8 为重量传感器，当重量传感器的读数低于预设的重量阈值时，报警灯 5 接通进行报警，上位机 9 上提示储料仓 2 缺料，不下料。应当将重量阈值设置为一个非零的较小值，如 500 克、1 千克等，因为存在少量存料现象，如果设置为特小值（如 10 克）则无法达到低饲料报警效果。

奶羊精确饲喂站是由计算机软件系统作为控制中心，由一台或者多台饲喂器作为控制终端，奶羊佩戴电子耳标，RFID读卡器进行读取电子耳标，来判断羊只的身份，传输给计算机，计算机根据奶羊的产奶量，由计算机软件系统对数据进行运算处理，处理后指令饲喂器的机电部分来进行工作，然后把这个进食量传输给饲喂设备为该羊下料。继而达到对羊的数据管理及精确饲喂管理，这套系统又称之为奶羊智能化精确饲喂系统。

① 人力，降低工人劳动量，降低成本；

② 科学化、信息化、数据化，更便于大规模管理；

③ 通过上位机系统，查看奶羊吃料、进食时间等信息，方便羊场管理人员查看奶羊吃料情况；

④ 每只奶羊的采食情况在计算机软件上都可以查询。如每只奶羊吃料信息、未采食或者采食不足的羊只信息。

下面介绍本研究中的奶羊精确饲喂站的工作方式：首先，当奶羊有进食需要，由采取通道1进入本饲喂站，射频识别系统7识别奶羊佩戴的电子耳标，并向上位机9发送相关信息，上位机9通过科学饲养公式（奶羊的泌乳量）计算出该头奶羊的下料量并反馈给下位机10，下位机10根据单圈下料量，四舍五入计算出下料圈数（例如，下料100克，单圈下料量20克，则下5圈），然后使得定量下料控制装置4在电机41的带动下工作，完成下料，并将实际下料量反馈给上位机9（例如，额定下料量为190克，实际下了10圈料，则为

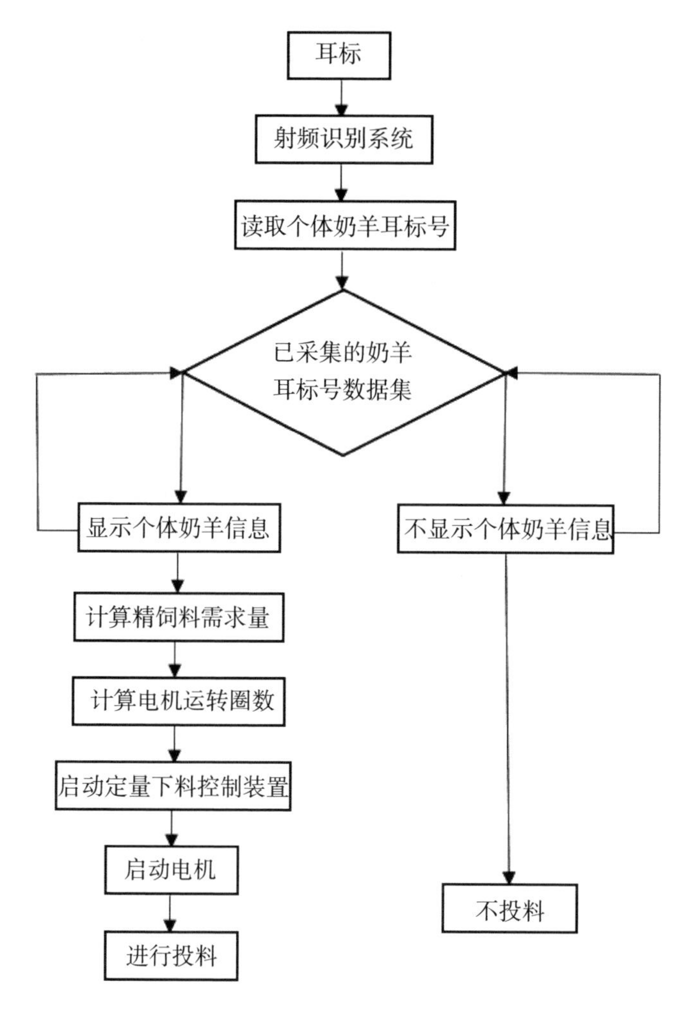

图 2-5-8　一种奶羊精确饲喂站的实施例的工作流程图

200 克）。

从上面可以看出，本研究提出的一种奶羊精确饲喂站根据奶羊的个体情况来计算精确饲料量，完成精饲料的投喂；同时采用三幅式下料转轴，实现高精度下料，下料精确率达到98% 以上，准确率达到了 99.4%。本研究提出的奶羊精确饲喂站，个体奶羊识别率高，满足了个体奶羊按需饲喂的目的，实现了奶羊的精确饲喂，有助于奶羊的营养均衡，避免二次投料，投料精度高，提高了产奶量。

本研究申请了国家专利保护，获得的专利授权号为：ZL 2017 2 0552724 6

2.6　奶牛饲喂装置

2.6.1　技术领域

本研究涉及畜牧饲养领域，特别是指一种奶牛饲喂装置。

2.6.2　背景技术

在进行泌乳奶牛的精细饲喂和性能测定的试验研究中，需要准确计量每头奶牛每天的实际采食量，甚至每次的采食量与采食的时间。在获得每头牛的采食量后，结合每天计量的泌乳牛的产量，才能评价测定对象——泌乳牛的生产性能及产乳潜力，并获得完整的 DHI（奶牛性能）数据，为制订泌乳牛的营养调控及品种改良计划提供基础数据支撑。但是，国内外一直以来，则是通过对奶牛的单笼饲喂，通过人工称量每天每头牛的剩余采食量，计算单个奶牛每天的采食量。这种最为传统的饲喂量的计量方法，当饲喂的奶牛头数较多时，工作量大，难免会出现人为的错误，也无法记录每头奶牛每天的采食规律。

随着现代信息技术，包括个体电子标识技术，自动感知（如近红外、RFID 技术等）技术及自动控制技术的快速发展，为研究基于奶牛个体的自动饲喂及自动计量技术提出了可能。若能结合上述技术，提出一种能够自动识别奶牛身份并记录其采食量的饲喂装置，则可以大大提高数据准确性，为科研生产提供助力。

2.6.3 解决方案

有鉴于此，本研究提出一种能够实现科学饲养、个性化饲喂的奶牛饲喂装置。

基于上述目的本研究提出的奶牛饲喂装置，包括料斗、支撑座、栏杆和阻挡单元；料斗为上部开放的斗状容器，料斗可拆卸设置于支撑座上；支撑座有 2 个，对称设置于料斗两侧的地面上，用于支撑料斗，还用于称量料斗及其盛放的饲料的重量；栏杆设置于料斗的一侧，栏杆中部设置有用于供奶牛头部通过的取食空间；阻挡单元设置于料斗和栏杆之间，用于阻挡不符合条件的奶牛进食、放入符合条件的奶牛进食。

料斗包括提拉杆、支撑头、转动轴和连接架；料斗的后侧的上半部开放；料斗前侧中部设置有一开口，开口上半部等宽，下半部宽度逐渐减小；料斗内部沿左右横向设置有提拉杆；支撑头有 2 个，对称设置于料斗的左右两侧，支撑头通过转动轴与料斗转动连接；2 个支撑头通过绕过料斗底部的连接架相固定；支撑头远离料斗的一侧水平设置有 2 个卡位直杆，料斗通过卡位直杆架设于支撑座上。

料斗底部及侧面边角的内侧，设置半径至少为 1 厘米的圆角。

支撑座包括底座、称重模块和卡位模块；支撑座设置于地面；支撑座上端设置有称重模块，称重模块上端设置有卡位模块。

卡位模块上部平行开有 2 个卡位槽；卡位槽截面宽度与卡位直杆直径配合；2 个卡位槽截面形状，下部竖直，上部向同一侧倾斜至少 30° ，上部与卡位模块的上边缘相接。

栏杆包括主栏杆、副栏杆和上横杆；主栏杆有 2 根，相隔装置距离设置；主栏杆下半段竖直，上半段分别向左右两侧倾斜，在上半段之间形成供奶牛头部通过的装置空间，在下半段之间形成不足奶牛头部通过、能够容纳奶牛颈部的第二空间；副栏杆自主栏杆下半段起，相隔第二距向左右两侧离等间距设置。

阻挡单元包括立柱、上红外发射模块、上红外接收模块、下红外发射模块、下红外接收模块、连接体和挡板；立柱有 2 根，对称设置于主栏杆左右两侧，任一立柱内设置有升降装置，升降装置通过连接体连接至正对主栏杆设置的挡板，用于带动挡板上下移动；上红外发射模块和上红外接收模块相对设置于 2 根立柱上侧，下红外发射模块和下红外接收模块相对设置于 2 根立柱下侧；挡板初始位置处于上红外发射模块和下红外发射模块之间；

当上红外接收模块检测不到红外光线时，升降装置带动挡板下移，直至挡板低于下红外发射模块和下红外接收模块；当上红外接收模块能够接收到光线，且下红外接收模块由不能接收到光线的状态变化为能够接收到光线的状态时，升降装置带动挡板上移，直至挡板回到初始位置。

升降装置还连接至 RFID 识别器；RFID 识别器用于识别装置距离内的奶牛是否为未饲喂奶牛，若为未饲喂奶牛，则允许升降装置工作，否则，禁止升降装置工作。

还包括无线通信单元，无线通信单元连接至支撑座及 RFID 识别器；当上红外接收模块检测不到红外光线时，无线通信单元从 RFID 识别器获取当前奶牛的身份编号，从支撑座获取当前料斗的装置重量；当上红外接收模块能够接收到光线，且下红外接收模块由不能接收到光线的状态变化为能够接收到光线的状态时，无线通信单元再次从支撑座获取当前料斗的第二重量，计算第二重量与装置重量的差值，作为奶牛本次的进食重量，将身份编号和进食重量发送至外部服务器，建立奶牛进食量表格。

RFID 识别器获取装置距离内的奶牛的身份编号，通过无线通信单元发送至服务器；服务器在奶牛进食量表格中检测该身份编号对应的奶牛的进食状态；若当日进食量未达到标准，则将该奶牛设置为未饲喂奶牛，并通过无线通信单元告知RFID识别器。

从上面可以看出，本研究提出的奶牛饲喂装置，能够根据奶牛的身份编号，和服务器通信获取当前奶牛的进食情况，以此判定是否开放阻挡单元，允许奶牛进食，满足科学饲养、个性化饲喂的要求。本研究装置，在研究国际同类装置的基础上，集成物联网核心技术，即电子标识技术、无线感知技术与自动控制技术，实现了对奶牛个体的自动识别、自动计量饲喂，并能获得基于个体的采食量规律曲线，为奶牛的精准饲喂技术的创新提出了基础的研究平台。

2.6.4 附图说明

具体结构和功能说明如下。

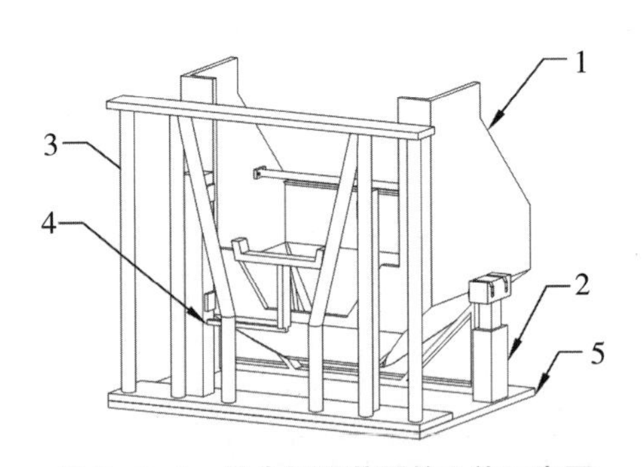

图 2-6-1 奶牛饲喂装置的立体示意图

1- 料斗；2- 支撑座；3- 栏杆；4- 阻挡单元；5- 地面

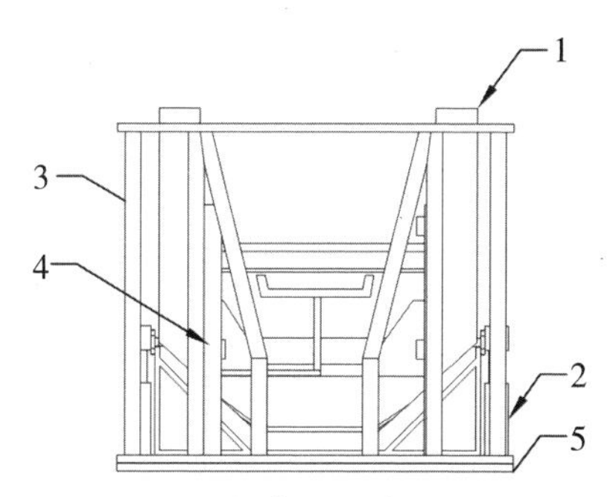

图 2-6-2　奶牛饲喂装置的主视图

1- 料斗；2- 支撑座；3- 栏杆；4- 阻挡单元；5- 地面

如图 2-6-1 至图 2-6-4 所示，本装置包括料斗 1、支撑座 2、栏杆 3 和阻挡单元 4；料斗 1 为上部开放的斗状容器，料斗 1 可拆卸设置于支撑座 2 上；支撑座 2 有 2 个，对称设置于料斗 1 两侧的地面 5 上，用于支撑料斗 1，还用于称量料斗 1 及其盛放的饲料的重量；栏杆 3 设置于料斗的一侧，栏杆 3 中部设置有用于供奶牛头部通过的取食空间；阻挡单元 4 设置于料斗 1 和栏杆 3 之间，用于阻挡不符合条件的奶牛进食、放入符合条件的奶牛进食。如图 2-6-5 所示，当奶牛符合条件

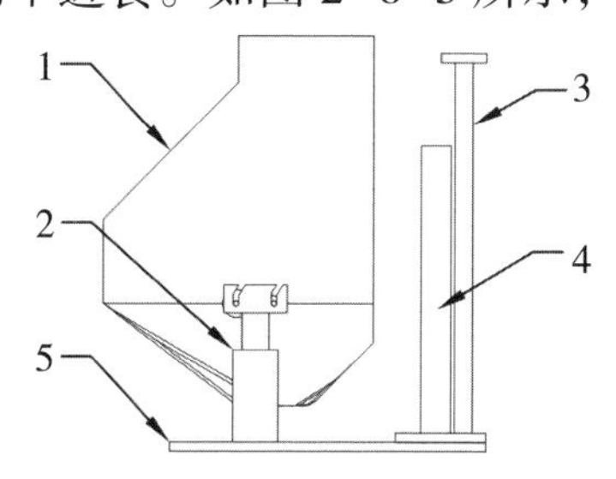

图 2-6-3　奶牛饲喂装置的侧视图

1- 料斗；2- 支撑座；3- 栏杆；4- 阻挡单元；5- 地面

时，阻挡单元 4 的阻挡部会降下，允许奶牛将头低下取食，下面对上述各部分结构进行具体介绍。

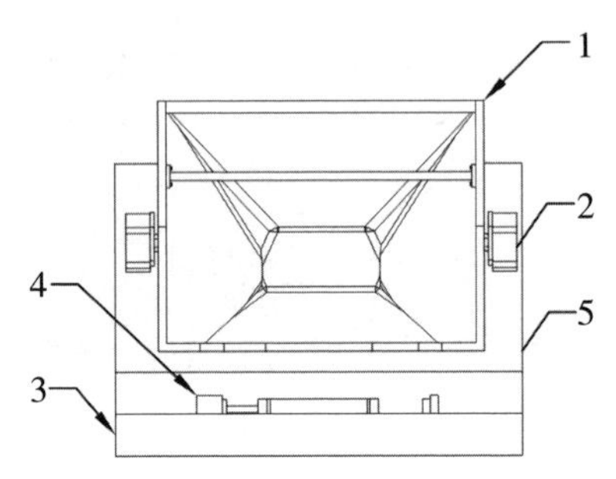

图 2-6-4　奶牛饲喂装置的俯视图

1- 料斗；2- 支撑座；3- 栏杆；4- 阻挡单元；5- 地面

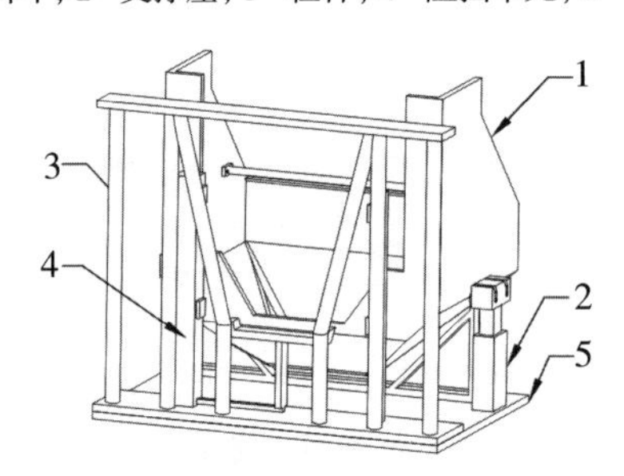

图 2-6-5　奶牛饲喂装置在阻挡单元降下时的立体示意图

1- 料斗；2- 支撑座；3- 栏杆；4- 阻挡单元；5- 地面

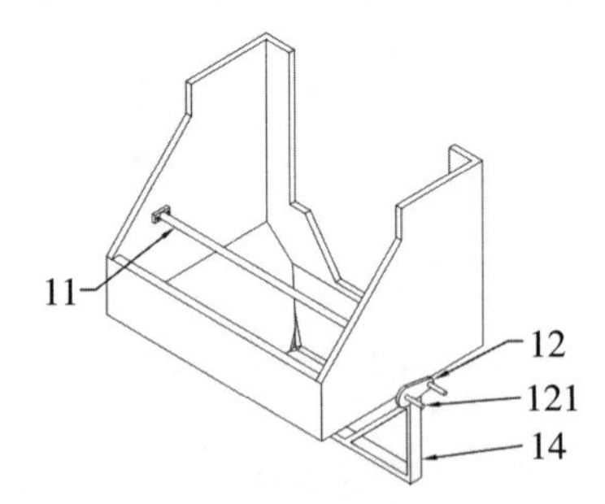

图 2-6-6　奶牛饲喂装置中料斗的立体示意图

11- 提拉杆；12- 支撑头；14- 连接架；121- 卡位直杆

如图 2-6-6 至图 2-6-9 所示，料斗 1 包括提拉杆 11、支撑头 12、转动轴 13 和连接架 14；料斗 1 的后侧的上半部开放；料斗 1 前侧中部设置有一开口，开口上半部等宽，下半部宽度逐渐减小；料斗 1 内部沿左右横向设置有提拉杆 11；支撑头 12 有 2 个，对称设置于料斗 1 的左右两侧，支撑头 12 通过转动轴 13 与料斗 1 转动连接；2 个支撑头 12 通过绕过料斗 1 底部的连接架 14 相固定；支撑头 12 远离料斗 1 的一侧水平设置有 2 个卡位直杆 121，料斗 1 通过卡位直杆 121 架设于支撑座 2 上。

料斗 1 后侧的上半部开放，便于添加饲料时方便，同时便于观察奶牛的进食情况。

料斗 1 前侧中部设置有一开口，开口上半部等宽，下半部宽度逐渐减小；此形状上半部空间较大，便于奶牛头部深入料斗内，下半部空间较小，当奶牛低头进食时，足以容纳奶牛脖颈部位，同时较小的尺寸可以防止饲料洒出。

料斗 1 内部沿左右横向设置有提拉杆 11，便于在清理料

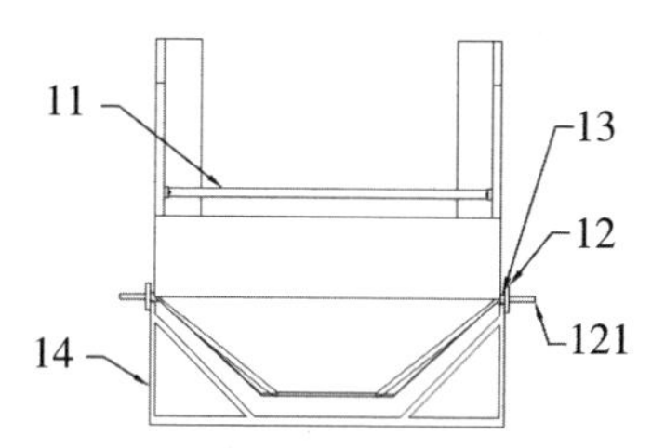

图 2-6-7　奶牛饲喂装置中料斗的主视图

11- 提拉杆；12- 支撑头；13- 转动轴；14- 连接架；121- 卡位直杆

斗 1 时，利用提拉杆 11 将料斗 1 取下。

料斗 1 通过其左右两侧转动设置的 2 个支撑头 12 架设于支撑座 2 上，支撑头 12 之间通过连接架 14 相固定；固定架 14 绕过料斗 1 底部，并且与料斗 1 间隔一定距离。上述设计使得料斗 1 可以一定程度上进行翻转，在不取下料斗 1 的前提下，也可以翻转料斗 1 对其内部进行清理。

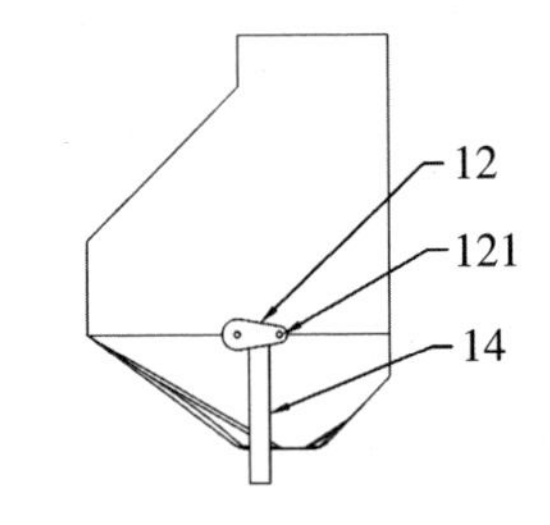

图 2-6-8　奶牛饲喂装置中料斗的侧视图

12- 支撑头；14- 连接架；121- 卡位直杆

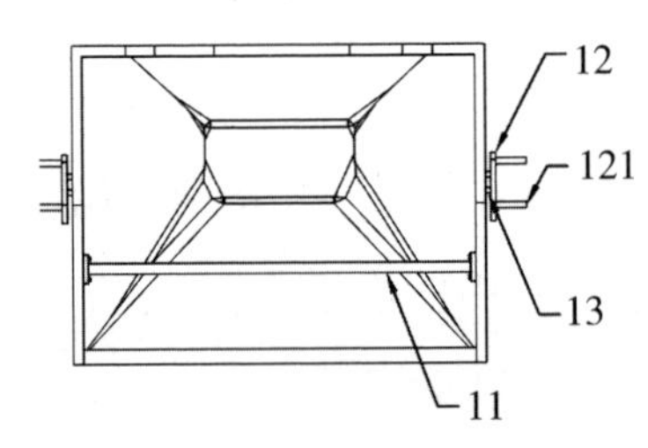

图 2-6-9　奶牛饲喂装置中料斗的俯视图

11- 提拉杆；12- 支撑头；13- 转动轴；121- 卡位直杆

在其他可选装置中，转动轴 13 设置有限位模块，以限制料斗 1 前后翻转的幅度，防止饲料洒出。

在其他可选装置中，料斗 1 底部及侧面边角的内侧，设置半径至少为 1 厘米的圆角；设置圆角可以防止饲料卡在料斗 1 的边角处，便于清理，同时也便于奶牛进食。

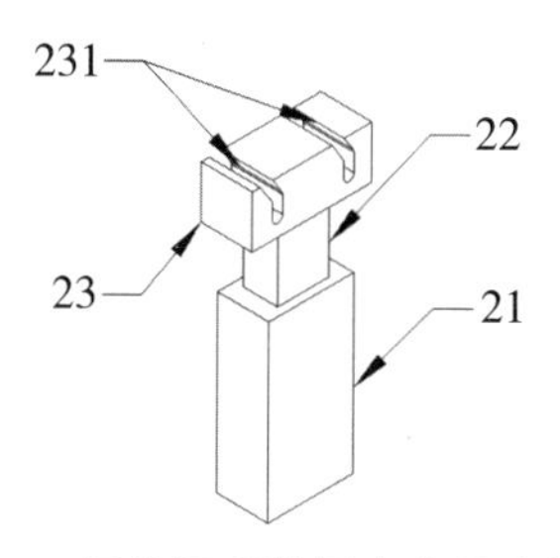

图 2-6-10　奶牛饲喂装置中支承座的立体示意图

21- 底座；22- 称重模块；23- 卡位模块；231- 卡位槽

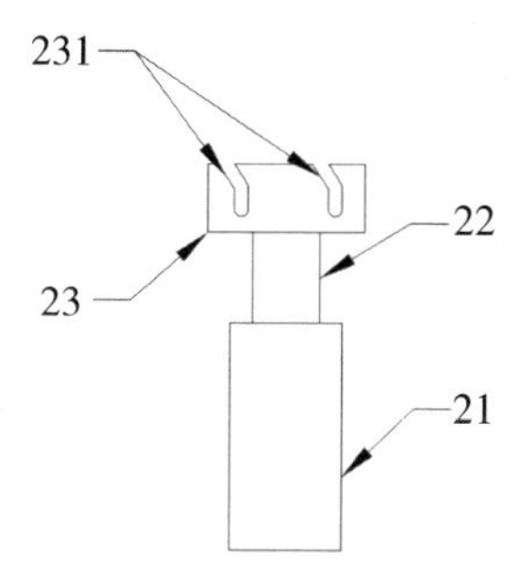

图 2-6-11　奶牛饲喂装置中支承座的侧视图

21- 底座；22- 称重模块；23- 卡位模块；231- 卡位槽

如图 2-6-10、图 2-6-11 所示，在装置装置中，支撑座 2 包括底座 21、称重模块 22 和卡位模块 23；支撑座 2 设置于地面；支撑座 2 上端设置有称重模块 22，称重模块 22 上端设置有卡位模块 23。

卡位模块 23 上部平行开有 2 个卡位槽 231；卡位槽 231

截面宽度与卡位直杆 121 直径配合；2 个卡位槽 231 截面形状，下部竖直，上部向同一侧倾斜至少 30°，上部与卡位模块 23 的上边缘相接。

本装置中的支撑座 2 不但具备支撑功能，还具备称重功能，可以测量料斗及其内饲料总重量的变化，便于进行科学饲喂，这一点在下文详述。卡位模块 23 上，卡位槽 231 设置为此种形状，是为了防止在奶牛进食时晃动料斗 1，导致料斗 1 从卡位槽 231 内脱离，因此，将卡位槽 231 上半部设置为倾斜，这样在需要取下料斗 1 时，需要将料斗 1 按照卡位槽 231 的形状所示路径提拉才可取下，可以有效防止料斗意外脱离。

在其他可选装置中，卡位槽 231 也可以是其他形状，其截面形状具备至少一个拐角，以达到防止料斗 1 脱落的目的即可。

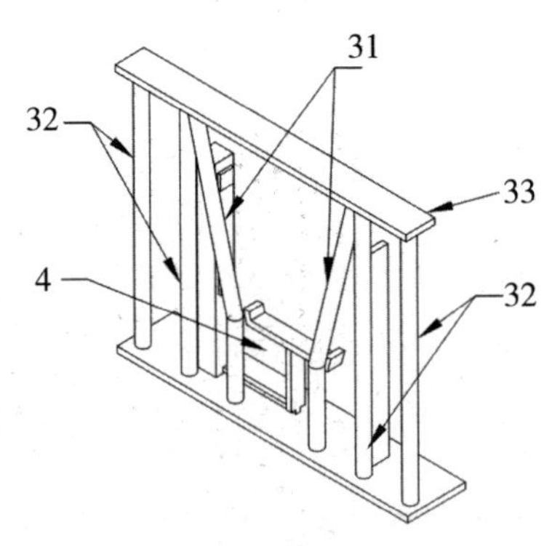

图 2-6-12　奶牛饲喂装置中栏杆及阻挡单元的立体示意图

4- 阻挡单元；31- 主栏杆；32- 副栏杆；33- 上横杆

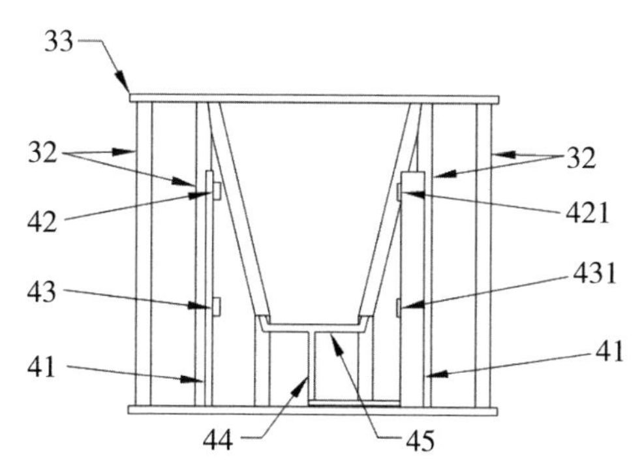

图 2-6-13　奶牛饲喂装置中栏杆及阻挡单元的后视图

32- 上横杆；33- 副栏杆；41- 立柱；42- 上红外发射模块；43- 下红外发射模块；
44- 连接体；45- 挡板；421- 上红外接收模块；431- 下红外接收模块

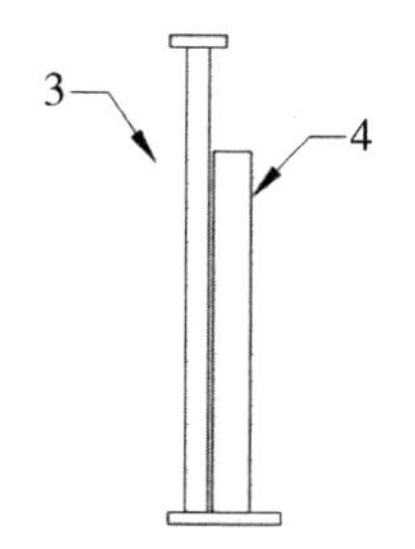

图 2-6-14　奶牛饲喂装置中栏杆及阻挡单元的侧视图

3- 栏杆；4- 阻挡单元

如图 2-6-12 至图 2-6-14 所示，在装置中，栏杆 3 包括主栏杆 31、副栏杆 32 和上横杆 33；主栏杆 31 有 2 根，相隔装置距离设置；主栏杆 31 下半段竖直，上半段分别向左右两侧倾斜，在上半段之间形成供奶牛头部通过的装置空间，在下半段之间形成不足奶牛头部通过、能够容纳奶牛颈部的第二空间；副栏杆 32 自主栏杆 31 下半段起，相隔第二距向左右两侧离等间距设置。主栏杆 31 的形状和位置决定了奶牛头部只能从装置空间伸入，在其低头取食时，又可以防止其头部退出。

阻挡单元4包括立柱41、上红外发射模块42、上红外接收模块421、下红外发射模块43、下红外接收模块431、连接体44和挡板45；立柱41有2根，对称设置于主栏杆31左右两侧，任一立柱41内设置有升降装置，升降装置通过连接体44连接至正对主栏杆31设置的挡板45，用于带动挡板45上下移动；上红外发射模块42和上红外接收模块421相对设置于2根立柱上侧，下红外发射模块43和下红外接收模块431相对设置于2根立柱下侧；挡板45初始位置处于上红外发射模块42和下红外发射模块43之间；

当奶牛头部深入主栏杆31之间的上部（装置空间），上红外接收模块421检测不到红外光线时，升降装置带动挡板45下移，直至挡板低于下红外发射模块43和下红外接收模块431，此时奶牛头部下移进食，下红外接收模块431检测不到红外光线，装置处于待机状态；当奶牛进食完毕，头部离开后，上红外接收模块421能够接收到光线，且下红外接收模块431由不能接收到光线的状态变化为能够接收到光线的状态时，升降装置带动挡板45上移，直至挡板45回到初始位置。

升降装置还连接至RFID识别器；RFID识别器用于识别装置距离内的奶牛是否为未饲喂奶牛，若为未饲喂奶牛，则允许升降装置工作，否则，禁止升降装置工作。

还包括无线通信单元，无线通信单元连接至支撑座2及

RFID 识别器；当上红外接收模块 421 检测不到红外光线时，无线通信单元从 RFID 识别器获取当前奶牛的身份编号，从支撑座 2 获取当前料斗 1 的装置重量；当上红外接收模块 421 能够接收到光线，且下红外接收模块 431 由不能接收到光线的状态变化为能够接收到光线的状态时，无线通信单元再次从支撑座 2 获取当前料斗 1 的第二重量，计算第二重量与装置重量的差值，作为奶牛本次的进食重量，将身份编号和进食重量发送至外部服务器，建立奶牛进食量表格。

RFID 识别器获取装置距离内的奶牛的身份编号，通过无线通信单元发送至服务器；服务器在奶牛进食量表格中检测该身份编号对应的奶牛的进食状态；若当日进食量未达到标准，则将该奶牛设置为未饲喂奶牛，并通过无线通信单元告知 RFID 识别器。

综上，本研究提出的奶牛饲喂装置，能够根据奶牛的身份编号，和服务器通信获取当前奶牛的进食情况，以此判定是否开放阻挡单元，允许奶牛进食，满足科学饲养、个性化饲喂的要求。

本研究申请了国家专利保护，获得的专利授权号为：ZL 2015 1 0555597 0

附录

一种仔猪饲喂下料装置

证书号第6338275号

实用新型专利证书

实用新型名称：一种仔猪饲喂下料装置

发　明　人：熊本海；杨亮；蒋林树；王坤；潘晓花

专　利　号：ZL 2016 2 1407565.2

专利申请日：2016年12月20日

专　利　权　人：中国农业科学院北京畜牧兽医研究所

授权公告日：2017年07月28日

本实用新型经过本局依照中华人民共和国专利法进行初步审查，决定授予专利权，颁发本证书并在专利登记簿上予以登记。专利权自授权公告之日起生效。

本专利的专利权期限为十年，自申请日起算。专利权人应当依照专利法及其实施细则规定缴纳年费。本专利的年费应当在每年12月20日前缴纳。未按照规定缴纳年费的，专利权自应当缴纳年费期满之日起终止。

专利证书记载专利权登记时的法律状况。专利权的转移、质押、无效、终止、恢复和专利权人的姓名或名称、国籍、地址变更等事项记载在专利登记簿上。

局长
申长雨

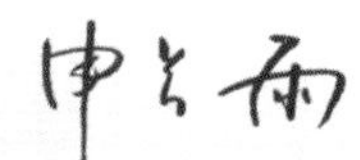

第1页（共1页）

一种仔猪饲喂下料装置

证书号第6323380号

实用新型专利证书

实用新型名称：一种母猪固定饲喂栏

发　明　人：熊本海；杨亮；蒋林树；王坤；潘晓花

专　利　号：ZL 2016 2 1401126.0

专利申请日：2016年12月20日

专　利　权　人：中国农业科学院北京畜牧兽医研究所

授权公告日：2017年07月21日

本实用新型经过本局依照中华人民共和国专利法进行初步审查，决定授予专利权，颁发本证书并在专利登记薄上予以登记。专利权自授权公告之日起生效。

本专利的专利权期限为十年，自申请日起算。专利权人应当依照专利法及其实施细则规定缴纳年费。本专利的年费应当在每年12月20日前缴纳。未按照规定缴纳年费的，专利权自应当缴纳年费期满之日起终止。

专利证书记载专利权登记时的法律状况。专利权的转移、质押、无效、终止、恢复和专利权人的姓名或名称、国籍、地址变更等事项记载在专利登记薄上。

局长
申长雨

第1页（共1页）

一种母猪产床笼

证书号第5861601号

实用新型专利证书

实用新型名称：一种母猪产床笼

发 明 人：熊本海；杨亮；潘佳一；蒋林树

专 利 号：ZL 2016 2 0831884.X

专利申请日：2016年08月02日

专 利 权 人：中国农业科学院北京畜牧兽医研究所

授权公告日：2017年01月18日

本实用新型经过本局依照中华人民共和国专利法进行初步审查，决定授予专利权，颁发本证书并在专利登记簿上予以登记。专利权自授权公告之日起生效。

本专利的专利权期限为十年，自申请日起算。专利权人应当依照专利法及其实施细则规定缴纳年费。本专利的年费应当在每年08月02日前缴纳。未按照规定缴纳年费的，专利权自应当缴纳年费期满之日起终止。

专利证书记载专利权登记时的法律状况。专利权的转移、质押、无效、终止、恢复和专利权人的姓名或名称、国籍、地址变更等事项记载在专利登记簿上。

局长
申长雨

第1页（共1页）

一种妊娠母猪自动精准饲喂方法

证书号第2476653号

发明专利证书

发 明 名 称：一种妊娠母猪自动精准饲喂方法

发 明 人：熊本海；杨亮；罗清尧；曹沛；庞之洪

专 利 号：ZL 2014 1 0090671.1

专利申请日：2014年03月12日

专 利 权 人：中国农业科学院北京畜牧兽医研究所

授权公告日：2017年05月10日

本发明经过本局依照中华人民共和国专利法进行审查，决定授予专利权，颁发本证书并在专利登记簿上予以登记。专利权自授权公告之日起生效。

本专利的专利权期限为二十年，自申请日起算。专利权人应当依照专利法及其实施细则规定缴纳年费。本专利的年费应当在每年03月12日前缴纳。未按照规定缴纳年费的，专利权自应当缴纳年费期满之日起终止。

专利证书记载专利权登记时的法律状况。专利权的转移、质押、无效、终止、恢复和专利权人的姓名或名称、国籍、地址变更等事项记载在专利登记簿上。

局长
申长雨

2017年05月10日

第1页（共1页）

一种哺乳母猪精确下料系统

证书号第2723985号

发明专利证书

发 明 名 称：一种哺乳母猪精确下料系统

发　明　人：杨亮；熊本海；潘佳一；曹沛；高华杰

专　利　号：ZL 2015 1 0733650.1

专利申请日：2015年11月03日

专 利 权 人：中国农业科学院北京畜牧兽医研究所

授权公告日：2017年12月05日

本发明经过本局依照中华人民共和国专利法进行审查，决定授予专利权，颁发本证书并在专利登记簿上予以登记。专利权自授权公告之日起生效。

本专利的专利权期限为二十年，自申请日起算。专利权人应当依照专利法及其实施细则规定缴纳年费。本专利的年费应当在每年11月03日前缴纳。未按照规定缴纳年费的，专利权自应当缴纳年费期满之日起终止。

专利证书记载专利权登记时的法律状况。专利权的转移、质押、无效、终止、恢复和专利权人的姓名或名称、国籍、地址变更等事项记载在专利登记簿上。

局长
申长雨

第1页（共1页）

一种哺乳母猪产床防滑地板

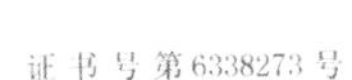

证书号第6338273号

实用新型专利证书

实用新型名称：一种哺乳母猪产床防滑地板

发　明　人：熊本海；杨亮；蒋林树；王坤；潘晓花

专　利　号：ZL 2016 2 1401000.3

专利申请日：2016年12月20日

专利权人：中国农业科学院北京畜牧兽医研究所

授权公告日：2017年07月28日

本实用新型经过本局依照中华人民共和国专利法进行初步审查，决定授予专利权，颁发本证书并在专利登记簿上予以登记。专利权自授权公告之日起生效。

本专利的专利权期限为十年，自申请日起算。专利权人应当依照专利法及其实施细则规定缴纳年费。本专利的年费应当在每年12月20日前缴纳。未按照规定缴纳年费的，专利权自应当缴纳年费期满之日起终止。

专利证书记载专利权登记时的法律状况。专利权的转移、质押、无效、终止、恢复和专利权人的姓名或名称、国籍、地址变更等事项记载在专利登记簿上。

局长
申长雨

2017年07月28日

第1页（共1页）

一种哺乳母猪福利产床

证书号第6560757号

实用新型专利证书

实用新型名称：一种哺乳母猪福利产床

发　明　人：熊本海；潘晓花；南雪梅；杨亮；罗清尧

专　利　号：ZL 2017 2 0216432.5

专利申请日：2017年03月07日

专　利　权　人：中国农业科学院北京畜牧兽医研究所

授权公告日：2017年10月24日

本实用新型经过本局依照中华人民共和国专利法进行初步审查，决定授予专利权，颁发本证书并在专利登记簿上予以登记。专利权自授权公告之日起生效。

本专利的专利权期限为十年，自申请日起算。专利权人应当依照专利法及其实施细则规定缴纳年费。本专利的年费应当在每年03月07日前缴纳。未按照规定缴纳年费的，专利权自应当缴纳年费期满之日起终止。

专利证书记载专利权登记时的法律状况。专利权的转移、质押、无效、终止、恢复和专利权人的姓名或名称、国籍、地址变更等事项记载在专利登记簿上。

局长
申长雨

第1页（共1页）

一种饲料供料转接装置

证书号第6724540号

实用新型专利证书

实用新型名称：一种饲料供料转接装置

发　明　人：郑姗姗；南雪梅；熊本海；潘晓花

专　利　号：ZL 2017 2 0552723.1

专利申请日：2017年05月18日

专 利 权 人：中国农业科学院北京畜牧兽医研究所

授权公告日：2017年12月15日

本实用新型经过本局依照中华人民共和国专利法进行初步审查，决定授予专利权，颁发本证书并在专利登记簿上予以登记。专利权自授权公告之日起生效。

本专利的专利权期限为十年，自申请日起算。专利权人应当依照专利法及其实施细则规定缴纳年费。本专利的年费应当在每年05月18日前缴纳。未按照规定缴纳年费的，专利权自应当缴纳年费期满之日起终止。

专利证书记载专利权登记时的法律状况。专利权的转移、质押、无效、终止、恢复和专利权人的姓名或名称、国籍、地址变更等事项记载在专利登记簿上。

局长
申长雨

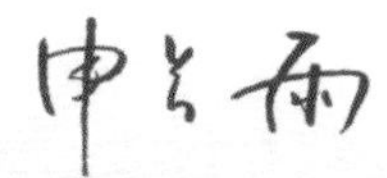

2017年12月15日

第 1 页（共 1 页）

一种自动料线传输系统

证书号第6724541号

实用新型专利证书

实用新型名称：一种自动料线传输系统

发　明　人：郑姗姗；南雪梅；熊本海；潘晓花

专　利　号：ZL 2017 2 0552710.4

专利申请日：2017年05月18日

专 利 权 人：中国农业科学院北京畜牧兽医研究所

授权公告日：2017年12月15日

本实用新型经过本局依照中华人民共和国专利法进行初步审查，决定授予专利权，颁发本证书并在专利登记簿上予以登记。专利权自授权公告之日起生效。

本专利的专利权期限为十年，自申请日起算。专利权人应当依照专利法及其实施细则规定缴纳年费。本专利的年费应当在每年05月18日前缴纳。未按照规定缴纳年费的，专利权自应当缴纳年费期满之日起终止。

专利证书记载专利权登记时的法律状况。专利权的转移、质押、无效、终止、恢复和专利权人的姓名或名称、国籍、地址变更等事项记载在专利登记簿上。

局长
申长雨

第 1 页 (共 1 页)

一种畜禽养殖加药装置

证书号第6793825号

实用新型专利证书

实用新型名称：一种畜禽养殖加药装置

发　明　人：郑姗姗；熊本海；南雪梅；潘晓花

专　利　号：ZL 2017 2 0654257.8

专利申请日：2017年06月07日

专 利 权 人：中国农业科学院北京畜牧兽医研究所

授权公告日：2017年12月29日

本实用新型经过本局依照中华人民共和国专利法进行初步审查，决定授予专利权，颁发本证书并在专利登记簿上予以登记。专利权自授权公告之日起生效。

本专利的专利权期限为十年，自申请日起算。专利权人应当依照专利法及其实施细则规定缴纳年费。本专利的年费应当在每年06月07日前缴纳。未按照规定缴纳年费的，专利权自应当缴纳年费期满之日起终止。

专利证书记载专利权登记时的法律状况。专利权的转移、质押、无效、终止、恢复和专利权人的姓名或名称、国籍、地址变更等事项记载在专利登记簿上。

局长
申长雨

第1页（共1页）

一种奶羊精确饲喂站

证书号第7185174号

实用新型专利证书

实用新型名称：一种奶羊精确饲喂站

发　明　人：郑姗姗；高华杰；南雪梅；潘晓花；熊本海

专　利　号：ZL 2017 2 0552724.6

专利申请日：2017年05月18日

专　利　权　人：中国农业科学院北京畜牧兽医研究所

授权公告日：2018年04月10日

本实用新型经过本局依照中华人民共和国专利法进行初步审查，决定授予专利权，颁发本证书并在专利登记簿上予以登记。专利权自授权公告之日起生效。

本专利的专利权期限为十年，自申请日起算。专利权人应当依照专利法及其实施细则规定缴纳年费。本专利的年费应当在每年05月18日前缴纳。未按照规定缴纳年费的，专利权自应当缴纳年费期满之日起终止。

专利证书记载专利权登记时的法律状况。专利权的转移、质押、无效、终止、恢复和专利权人的姓名或名称、国籍、地址变更等事项记载在专利登记簿上。

局长
申长雨

第1页（共1页）

奶牛饲喂装置

证书号第2560727号

发明专利证书

发明名称：奶牛饲喂装置

发 明 人：熊本海；蒋林树；杨亮；曹沛；潘佳一

专 利 号：ZL 2015 1 0555597.0

专利申请日：2015年09月01日

专 利 权 人：中国农业科学院北京畜牧兽医研究所；北京农学院

授权公告日：2017年07月21日

本发明经过本局依照中华人民共和国专利法进行审查，决定授予专利权，颁发本证书并在专利登记簿上予以登记。专利权自授权公告之日起生效。

本专利的专利权期限为二十年，自申请日起算。专利权人应当依照专利法及其实施细则规定缴纳年费。本专利的年费应当在每年09月01日前缴纳。未按照规定缴纳年费的，专利权自应当缴纳年费期满之日起终止。

专利证书记载专利权登记时的法律状况。专利权的转移、质押、无效、终止、恢复和专利权人的姓名或名称、国籍、地址变更等事项记载在专利登记簿上。

局长
申长雨

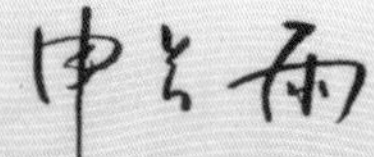

2017年07月21日

第1页（共1页）